钻井和修井
井架、底座、天车设计

侯广平　党民侠　编著

石油工业出版社

内 容 提 要

本书详细介绍了钻机井架、底座和天车的结构设计、受力计算和材料选用等内容，主要包括：井架、底座、天车的概念及发展状况；结构件设计与计算；基本载荷分析及计算；井架、底座起升设计及受力分析；井架底座的连接结构和计算；结构件的焊缝计算、焊缝结构及低温结构件设计；设计计算安全系数及允许应力的确定；海洋动态井架的设计计算。

本书可供石油钻机设计人员参考，亦可作为石油高校相关专业师生学习参考资料。

图书在版编目(CIP)数据

钻井和修井井架、底座、天车设计／侯广平、党民侠编著.
—北京：石油工业出版社，2021.9
ISBN 978-7-5183-4761-2

Ⅰ.①钻… Ⅱ.①侯… ②党… Ⅲ.①油气钻井-井架-设计②油气钻井-底座-设计③修井-井架-设计④修井-底座-设计⑤防碰天车装置 Ⅳ.①TE923.02

中国版本图书馆 CIP 数据核字(2021)第 140597 号

出版发行：石油工业出版社
　　　　　(北京安定门外安华里2区1号　100011)
　　　　　网　　址：www.petropub.com
　　　　　编辑部：(010)64523583　图书营销中心：(010)64523633
经　　销：全国新华书店
印　　刷：北京晨旭印刷厂

2021年9月第1版　2021年9月第1次印刷
787×1092毫米　开本：1/16　印张：14
字数：230千字

定价：80.00元
(如出现印装质量问题，我社图书营销中心负责调换)
版权所有，翻印必究

前　言

　　井架、底座和天车是钻机的重要部件，井架、底座和天车设计是钻机设计最主要的设计内容之一。本书是作者从事钻井和修井井架、底座设计工作30多年理论和经验的总结。本书系统地阐述了钻井和修井井架、底座、天车的设计程序与具体方法，具有很强的操作性，使初学设计的人员对设计工作程序有一个清晰的、全面的认识，避免走弯路，尽快地掌握其设计方法和步骤，并迅速提升设计工作者的设计能力和技术水平。对于一般设计人员本书不仅提供了比较规范的设计程序和方法，而且内容丰富，系统全面，基本覆盖了井架、底座、天车设计所需的各个方面，可使设计者直接应用，为设计工作节约大量的时间，开发更多的新产品。

　　本书共分13章。第1章介绍井架、底座、天车的基本概念及发展状况；第2章介绍结构件设计计算和制造的常用标准及应用资料；第3、4章给出了井架、底座技术参数的确定、方案设计、结构设计、施工图设计、部件结构、销子耳板的计算方法及常用数据；第5章介绍了结构件的焊缝标注、结构件的标识及低温结构件设计；第6章详细介绍了设计计算的安全系数及允许应力；第7章阐述了井架底座的连接结构和计算方法，特别针对螺栓连接作了比较详细地介绍；第8章介绍柱和梁的结构设计及计算方法；第9章介绍井架、底座起升设计及受力分析和计算方法；第10章介绍天车的结构、受力分析和计算；第11章介绍井架、底座的基本载荷分析及计算；第12章简要介绍海洋动态井架的设计计算；第13章介绍了井架、底座和天车有限元分析相关内容。通过以上章节内容的学习，基本可以正确、高效地设计出井架、底座、天车。

由于我们的水平有限，书中难免有不足之处，希广大读者批评指正。

本书承蒙宝鸡石油机械厂设计所原副所长、高级工程师邢民主审核，提出了不少宝贵意见，在此深表感谢。

编者
2020 年 2 月

目 录

1 井架、底座与天车基本概念 (1)
  1.1 井架 (1)
  1.2 底座 (3)
  1.3 天车 (9)

2 设计有关规定及常用资料 (13)
  2.1 井架、底座、天车设计所用标准 (13)
  2.2 井架、底座、天车设计相关技术文件 (13)
  2.3 设计常用资料 (13)

3 井架设计 (55)
  3.1 井架技术参数确定 (55)
  3.2 井架方案设计 (57)
  3.3 施工图设计 (67)

4 底座设计 (80)
  4.1 底座技术参数确定 (80)
  4.2 底座方案设计 (81)
  4.3 底座施工图设计 (89)

5 焊缝、标识及低温结构件 (105)
  5.1 焊缝 (105)
  5.2 API 有关规定的标识 (107)
  5.3 产品有关标识 (109)
  5.4 低温井架、底座及天车选材 (110)

6 设计计算的安全系数和允许应力 (117)
  6.1 安全系数 (117)
  6.2 允许应力 (118)

7 连接计算 (119)
  7.1 井架及底座连接方法 (119)

  7.2 螺栓连接计算 …………………………………………………………… (119)
  7.3 销轴、耳板连接计算 ……………………………………………………… (132)
  7.4 焊缝连接计算 ……………………………………………………………… (136)
8 构件计算 ………………………………………………………………………… (140)
  8.1 柱的计算 …………………………………………………………………… (140)
  8.2 梁的计算 …………………………………………………………………… (143)
9 井架、底座起升计算 …………………………………………………………… (166)
  9.1 井架起升计算 ……………………………………………………………… (166)
  9.2 底座起升计算 ……………………………………………………………… (175)
10 天车计算 ……………………………………………………………………… (179)
  10.1 天车载荷的计算 ………………………………………………………… (179)
  10.2 天车主轴的计算 ………………………………………………………… (180)
  10.3 天车梁的计算 …………………………………………………………… (182)
  10.4 轴承的计算 ……………………………………………………………… (186)
  10.5 滑轮强度计算 …………………………………………………………… (187)
11 井架、底座载荷计算 ………………………………………………………… (189)
  11.1 井架基本载荷分析 ……………………………………………………… (189)
  11.2 底座基本载荷分析 ……………………………………………………… (191)
  11.3 风载计算和风速确定 …………………………………………………… (192)
  11.4 特殊载荷计算 …………………………………………………………… (195)
  11.5 设计载荷及计算工况 …………………………………………………… (196)
12 海洋动态井架的设计计算 …………………………………………………… (203)
  12.1 基本参数 ………………………………………………………………… (203)
  12.2 动态井架的主要结构 …………………………………………………… (207)
  12.3 基本载荷 ………………………………………………………………… (210)
  12.4 计算工况及载荷组合 …………………………………………………… (211)
13 井架、底座和天车有限元分析 ……………………………………………… (213)
  13.1 计算软件的选择 ………………………………………………………… (213)
  13.2 操作 ……………………………………………………………………… (213)
  13.3 结果分析 ………………………………………………………………… (214)
参考文献 …………………………………………………………………………… (217)

1 井架、底座与天车基本概念

1.1 井架

井架是钻机提升系统的主要设备，用于安放天车、悬挂游车大钩和吊环、吊钳等提升设备与工具，并用于起下和存放钻杆、油管、抽油杆或套管等。

按井架的结构特点，可分为塔形井架、A 形井架、K 形井架和桅形井架。

1.1.1 塔形井架

总体结构像一座宝塔，横截面为正方形或矩形，立面形状呈梯形，整个井架除前扇有大门外，主体部分是一个封闭的整体结构，其四个侧面均为用螺栓连接的杆件组成桁架结构。这种井架不能整体起升，故只能在垂直位置安装，即要在高空作业，因此安装和搬迁工作量大，高空作业危险性大，但其承载能力大、稳定性好，见图 1.1。

塔形井架是一种古老的井架。20 世纪初到其 40 年代，世界上几乎全部石油钻机都采用塔形井架。这种井架的安装和搬迁工作量大，高空作业危险性大，因此逐渐趋于被淘汰的境地。但从 20 世纪 70 年代以来随着海洋钻采工程的发展，这种井架又显示出承载能力大、稳定性好的优势，在当代海洋钻井中已占绝对优势。

图 1.1 塔形井架

1.1.2 A 形井架

它有两个格构式或管柱式大腿，大腿截面有矩形或三角形等，依靠天车台和二层台等连接形成 A 形空间结构。每条大腿由若干段组成，各段用销轴或螺栓连接。井架低位安装，利用人字架或撑杆依靠绞车动力整体起放。井架前后敞开，司钻视野好，被称为"全视野井架"，承载能力和整体稳定性都比较好，见图1.2。

A形井架是美国Ideco公司在1948年研制的另一种自升式井架。它不仅可以低位安装、整体起升，而且司钻视野开阔，很快被广泛采用。如罗马尼亚、俄罗斯、德国等国家的钻机均采用这种形式，但这种井架与顶驱钻井装置配套极为困难，甚至不可能，所以在20世纪70年代末随着顶驱钻井装置被开发应用，且越来越广泛，该井架逐渐被淡化，甚至淘汰。这也是现在API Spec 4F第4版中没有A形井架的原因吧。

1.1.3　K形井架

即前开口井架，前扇敞开，截面为Π形空间桁架结构，两侧分片或块焊成若干段，背部是桁架杆系。各段及各构件间用销子或螺栓连接。下段后方设人字架或撑杆，用于起放井架，并保持井架的前后稳定性。井架低位安装，利用绞车动力或液缸液力整体起升，具有整体刚性好的优点，见图1.3。

图1.2　A形井架 　　　　图1.3　K形井架

它是美国Lee. C. Moore公司1939年研制的自升式井架，由于它运输方便，并可低位安装、整体起升，同时具有整体刚性好等优点，很快被各国钻井公司

广泛采用，至今独占鳌头。中国对 K 形井架也投入研发，宝石厂研制的 12000 米钻机 K 形井架具有世界领先水平。

1.1.4 桅形井架

是一种特殊的前开口井架，即正前方呈矩形，主体横截面为"Π"形，这种井架由于底部跨度小，只适应于车装钻机和修井机，见图 1.4。

美国 API Spec 4F 第 4 版规范中对井架的分类只有两种，即塔形井架和桅形井架。后者就包括我国的 K 形井架和桅形井架。由于修井机及车装钻机用的桅形井架前后尺寸小，为了避免游车大钩与井架背横梁相碰，将井架向前倾斜 2.5°~7°，这类井架必须拉绷绳，所以 API Spec 4F 规范中对桅形井架又分为带绷绳和不带绷绳两种形式。

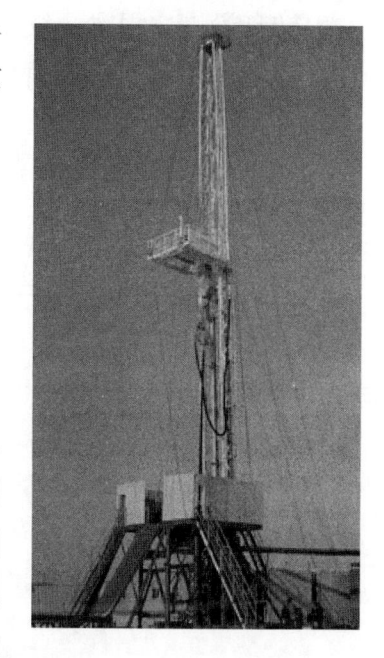

图 1.4 桅形井架

1.2 底座

钻机底座需要承受大钩载荷、旋转载荷及立根载荷等，并满足钻井工艺和搬迁要求。主要有井架底座、联动机组底座和泵底座。

1.2.1 底座的种类

按底座的结构型式及起升方式分，主要有箱式、块式、拖橇式、移动式、旋升式、弹弓式等。

1.2.1.1 箱式底座

以箱形桁架作为基本构件，用一些杆件连接而成，设计和制作工艺简单。

（1）单层箱式底座：基本体由两个平行摆放的箱形桁架组成，两箱由立根梁、转盘梁、绞车梁及连杆，通过销轴连成一个整体。该底座结构简单、造价低、安装方便，井架安装在钻台上。其结构见图 1.5。

（2）箱叠式底座：基本结构和单层箱式一样，只是每边由两个或三个箱式桁架重叠组成，直到钻机所需高度，两边箱体上下由 U 形螺栓或销轴连接，左右由转盘梁、立根梁、绞车梁及连接杆通过销轴连接成一个整体。井架安装在高位或低位均可，分为前台和后台。其结构见图1.6。

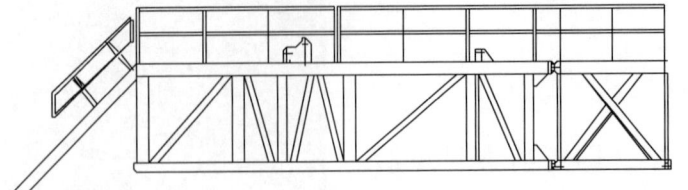

图1.5 单层箱式底座

图1.6 箱叠式底座

1.2.1.2 块式底座

如图1.7所示，该底座下部为两大块，即左右基座，中间和钻台面根据安装不同钻机的要求，设计成框架或梁柱（即大块）。它们通过销轴互相连接成一个整体。

图1.7 块式底座

1 井架、底座与天车基本概念

1.2.1.3 拖橇式底座

该底座也叫船橇式底座。其基本结构由三部分组成：(1)左右两块下船橇；(2)钻台面：为若干个类似船体的结构件组成；(3)中间部分：上下船靠若干个横放的支架连接。整体钻机好像摆放在两块拖橇上的重物。这种底座适用于整拖，是小型钻机快速搬迁比较好的结构形式。其结构见图1.8。

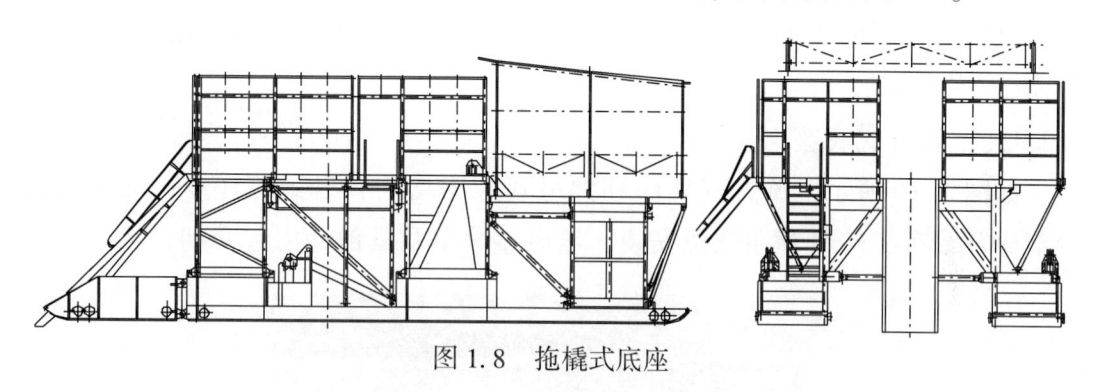

图1.8 拖橇式底座

1.2.1.4 移动式底座

如图1.9所示，该底座实际上是拖橇式底座的变异，将整个底座放置在钢制的移动轨道上，利用油缸及棘爪以步进的方式推动底座及其上的设备在轨道上前行，轨道是循环使用。该移动式底座移动非常平稳，移动距离非常灵活，钻机打丛式井时往往采用该结构。该底座主要组成有：(1)底座，可以是任何

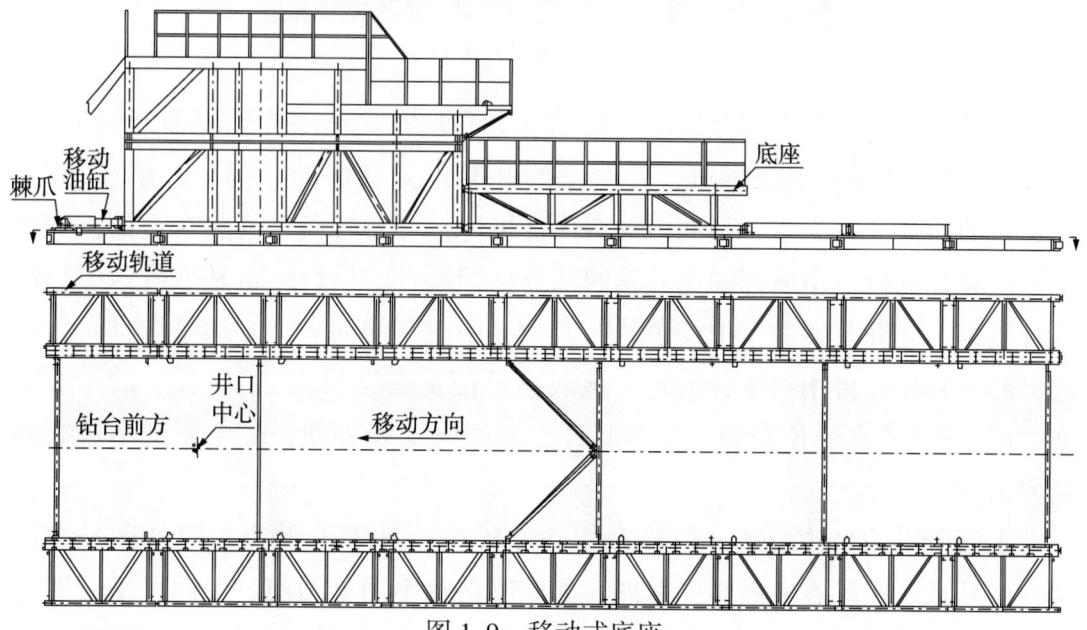

图1.9 移动式底座

形式的底座，底座底部焊有与轨道接触的滑板，底座须局部加强；(2)移动轨道(见图1.9俯视图)，一般由3~6m等长的若干个平面桁架组成，桁架与桁架之间用双销子连接成刚体，轨道面上开有间隔相等的长圆孔供棘爪爪住轨道前行；(3)棘爪是移动底座的关键件，与油缸相连；(4)油缸，给底座移动提供动力，一端与底座相连，另一端与棘爪相连。

该移动式底座根据需要可以纵向(前后)移动(大多数钻机采用)，也可以横向(左右)移动。

1.2.1.5 旋升式底座

如图1.10所示，旋升式底座和弹弓式底座均为自升式底座。即底座的钻台部分及绞车、转盘等在低位安装，然后靠绞车及其他动力起升到位。

图1.10 旋升式底座

旋升式底座由四个部分组成：第一部分和块式底座一样，下部有两个1~1.5m的左右基座；第二部分，钻台下的井架也是底座的一部分；第三部分，即钻台的前台，它为一平行四边形四连杆机构，可将转盘先安装在上面，随井架一起起升到位，用斜杆固定。第四部分，即钻台的后台，也是平行四边形四连杆机构，起升井架前就把绞车装在上面，用绞车的动力经游动系统将后台拉起，起升到位，再用斜撑杆固定。该底座可使整套钻机(包括转盘、绞车、井架、底座等)均在低位安装、整体起升。该底座安装方便，是电驱动钻机底座的发展方向。

上面所讲的是比较老式的旋升式底座结构，近年来无论在国外还是在国内，旋升式底座均有突破性的发展，如底座钻台不用分为前后台两个平行四边形四连杆机构，可将整个钻台设计成一个平行四边形四连杆机构，底座整体可由前方或后方起升。从前方起升的可随井架一次起升到位,也可以和井架分别起升,即两次起升。从后方起升的底座一般先起升井架,第二次再起升底座。

1.2.1.6 弹弓式底座

如图1.11所示,该底座整体是一个平行四边形四连杆机构,可以使整个钻机(包括电动机、绞车、传动装置、转盘、井架、钻台铺台、栏杆、值班房等)在地面低位安装,通过起升三角架(底座的组成部分)依靠钻机绞车或其他动力将钻台起升到位。这种底座井架支脚在钻台上,先起升井架,然后再将底座、井架一起起升到工作位置。

图1.11 弹弓式底座

1.2.2 底座的发展过程

底座发展可分为三个时期,即低钻台底座时期、高钻台底座时期和自升式高钻台底座时期。

1.2.2.1 低钻台底座时期

从20世纪初石油投入大规模开采一直到50年代末,为低钻台时期。这个时期底座的特点是:钻台高度多为2~4m之间,结构形式以单层箱式为主。

这个时期的石油钻井工程对钻井液净化系统要求不高,井口装置(主要指防喷器)简单,底座只是作为支承钻机的钢结构,其主要结构形式为低钻台的单层箱式底座及片式螺栓连接结构。

1.2.2.2 高钻台底座时期

从20世纪60年代开始到70年代末为高钻台底座时期,这个时期底座的特点是:低钻台底座逐步转变为高钻台底座,其高度为4.5~10m,结构形式以块式和箱叠式底座为主。

这一时期，由于钻井工艺的发展，使用钻井液固控系统是钻井生产的迫切要求。固控设备的使用要求增高钻台，低固相钻井液的使用又要求安装多层防喷器，也必须提高钻台的高度，简单的办法就是把箱式底座叠摞，即将单层底座叠摞成双层底座或三层箱式底座，一些超深井钻机的底座甚至叠摞到四层。

钻台高度达到了钻井工艺要求，但却带来了新的问题：(1) 重达几十吨的绞车上近十米高的钻台十分困难，需要特殊的起重设备。(2) 整体起升井架的特点是地面安装，但由于钻台的增高，井架组装本身也必须在高空作业，使其失去了原设计的优点。(3) 传递大功率上钻台也有困难。

由此产生的影响，给钻机的传动方案带来了变化，柴油机驱动机械传动绞车采用主绞车与猫头绞车分离的方案，以解决绞车上钻台难的问题。为解决往钻台上传递功率的问题，有的钻机采用了柴油机和电动机混合驱动，即主绞车和钻井泵由柴油机驱动，猫头绞车与转盘由电动机驱动。此外，井架增加了高度，变成地面组装低位起升，钻机底座为适应上述变化及井架低位安装起升要求，出现了块式钻机底座。

块式钻机底座的主要特点是底座分成前后两大部分，前台为高钻台，安装转盘、猫头绞车、井架等；后台是安装主绞车、动力机组及传动装置的低底座，高度一般为 1~1.5m。整个底座以两个箱型为基础，根据安放不同的设备要求，设计成不同的框架或梁柱，通过销轴互相连接，组成底座整体。而井架则可以在地面组装，在基座上起升。

与此同时，箱叠式底座也有新的发展，如 Emsco 公司的三层箱式底座与该公司的 K 形井架相配套，中层箱与上层箱式开口结构。井架起升时，井架卧在箱内，井架后大腿用销子固定在中层箱的顶面，运输时无须将井架下段与底层箱拆开。

1.2.2.3　自升式高钻台底座时期

从 20 世纪 70 年代末至今为自升式高钻台底座时期，这个时期，陆地石油勘探开发向环境更恶劣的地区进展，如寒冷的北极地区、沙漠及一些丛林地区。这些地区的钻井工作给钻机及钻机的搬迁安装工作提出了更加严峻的要求。同时，海上石油工业迅速发展，促进了钻机动力 SCR 系统的成熟，尤其是深井钻机采用可控硅整流的直流电驱动系统具有很大的经济效益。因此很多深井钻机均采用 SCR 直流电驱动系统，电驱动钻机使绞车与动力机一起在高钻台工作成为可能和必要。

提高钻井工程系统的经济效益，降低钻机在建井周期中的使用成本，是钻机使用者与设计者追求的一个目标。在上述情况下，更需要有一种使得钻机在拆卸、安装、搬迁成本较低的底座来适应快速钻井的需要。经过十几年的摸索，新型自升式钻机底座在20世纪70年代末逐渐发展完善起来。

所谓自升式底座是一种高钻台底座。此类底座在地面组装，且钻机的主要设备，如井架、绞车和转盘等均在地面组装到底座上，然后由底座自身配备的动力或用绞车的动力，将底座由地面低位整体起升到钻台的工作高度。美国几家大的钻机制造公司在1980年前后都推出自己的自升式钻机底座，虽然名称各异，但工作原理基本相同。其性能都是在满足原有底座功能的同时，提高了钻台高度，方便钻机拆装，减少了搬迁移运的车辆，节省了时间，减少了钻机搬迁安装对大型起重设备的依赖性，提高了整部钻机的自持能力。

自升式钻机底座的结构类型主要分为弹弓式、旋升式和伸缩式三类。前两类多为中深井或深井钻机采用，伸缩式底座多为车装钻机采用。而旋升式底座由于它可将井架支脚安装在低位，所以整体稳定性好，被越来越多的钻井公司所认可。因此近十年来旋升式底座发展很快，在结构上取得了很多突破性的进展。

1.3 天车

按用途分，可分为陆地天车和海洋天车；按天车穿绳方式分为顺穿天车和花穿天车。

20世纪50~60年代，中国所用天车均为没有导轮的顺穿式，如Бy40钻机（苏联）、2DH-75钻机（罗马尼亚）、大庆130钻机（中国），所配的天车均为没有导轮的顺穿天车，如图1.12所示。该类天车的缺点：(1)游车在起升和下放中游绳容易产生打扭；(2)使天车架顶部产生了一个扭转力，对井架，尤其是自升式井架(Бy40钻机及2DH-75钻机的井架)产生了很大的负面影响。在20世纪70年代中期，为了消除以上缺陷，在原有天车的基础上，出现了游绳花穿的方式。70年代末期，随着自升式井架结构的需要将图1.12的形式改进成图1.13的形式，形成了天车花穿的固定形式。80年代初期我们吸取了美国Emsco公司的经验，对顺穿天车由图1.12的形式改进成图1.14的形式，其优点：(1)能与自升式井架相配套；(2)快绳可和绞车滚筒中心对准，从而减小了井架顶部的扭转力；(3)是和顶驱钻井装置相配套的唯一可选的形式。

笔者认为天车导轮摆放的最佳位置如图 1.14 和图 1.16 所示。

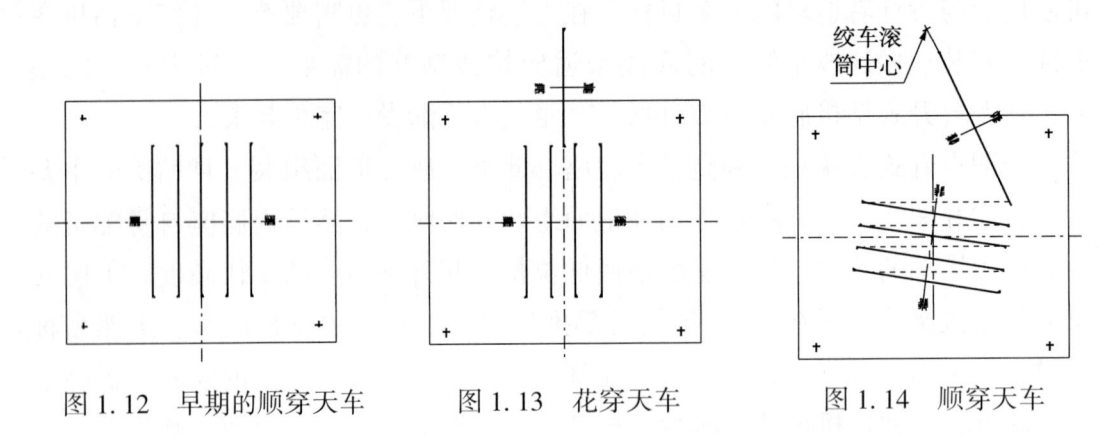

图 1.12　早期的顺穿天车　　图 1.13　花穿天车　　图 1.14　顺穿天车

1.3.1　顺穿天车

顺穿天车穿绳方式为钢绳经死绳固定器向上从后侧绕上对应侧天车滑轮，然后由天车绕至水平对应游车滑轮，再绕至天车死绳侧的第二个滑轮，从前往后绕至游车最后侧的滑轮，然后经快绳滑轮到滚筒，见图 1.15(绳系为 6×7 为例)。顺穿的主滑轮组基本与游车滑轮组平行，为了游车侧面正对二层台，天车的滑轮组略转了一个小角度 $\alpha=\arctan($游车滑轮间距 $L/$滑轮中径 $d)$，这个角度基本小于 8°，见图 1.16。钢绳偏角 $\beta=\arctan($滑轮间距 $L/h)$，h 为天车滑轮与游车滑轮之间的距离。

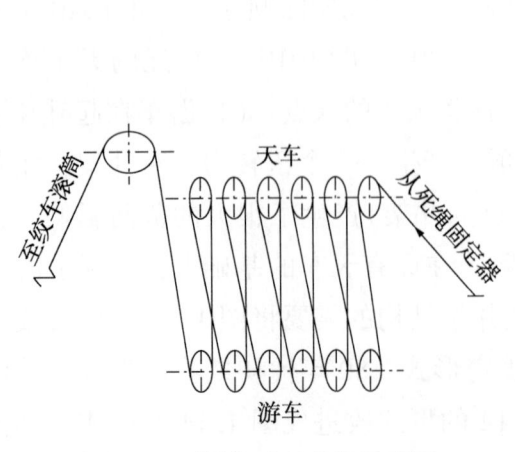

图 1.15　顺穿天车穿绳示意图 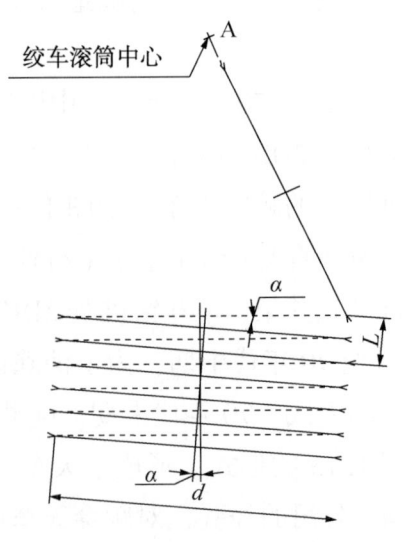　　图 1.16　顺穿天车偏角示意图

1.3.2 花穿天车

花穿天车绕绳方式为(所述方向均为在钻机前面对井口中心看)：从死绳固定器出来的钢丝绳经天车右前侧滑轮绕至游车后场方第一个滑轮的右侧，经游车从后场方绕上天车左侧滑轮，再绕至游车前场方第一个滑轮的左侧，经游车从前场绕上天车右侧第二个滑轮，照此绕绳，最后从游车绕上快绳轮或快绳导绳轮，然后到滚筒(图1.17、图1.18)。该绕绳方式比较复杂，起升井架前游车与天车主滑轮组平行而非提升时的90°夹角，使得绕绳容易出错，操作困难。花穿天车的主滑轮组与游车成90°，游车外侧钢绳偏角 $\beta = \arctan[(\text{游车滑轮中径}/2-d)/h]$，越靠游车中心钢绳偏角越大，当游车上提高度越大此角度就越大。

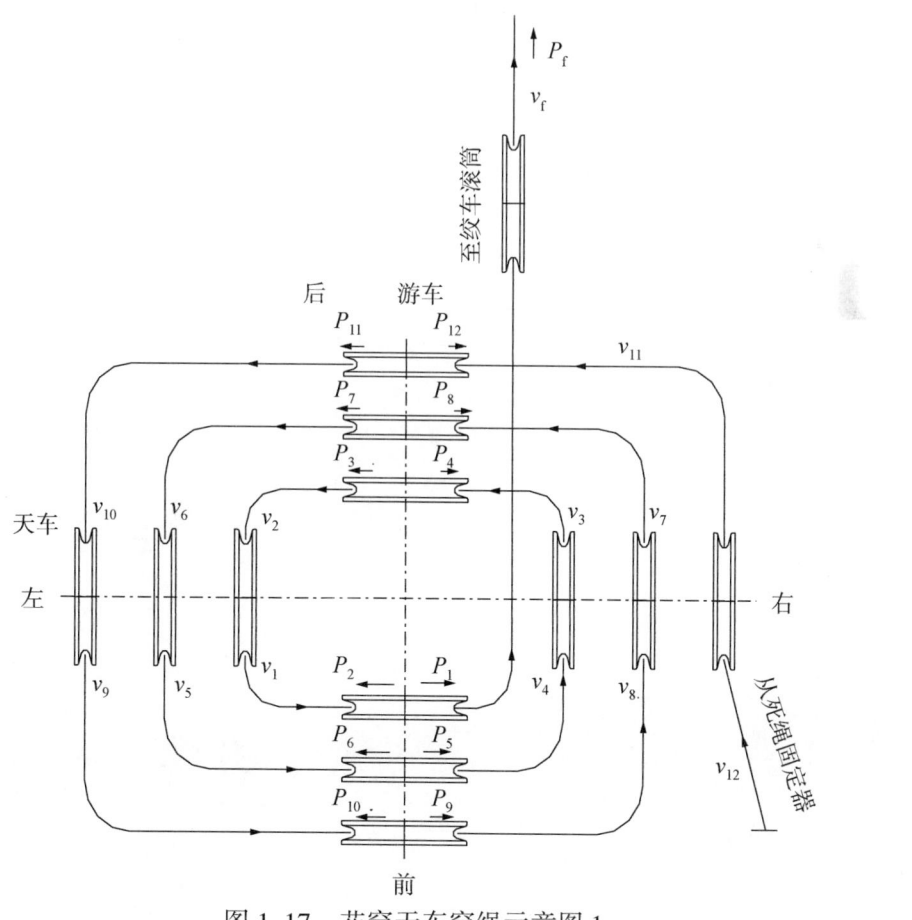

图1.17 花穿天车穿绳示意图1

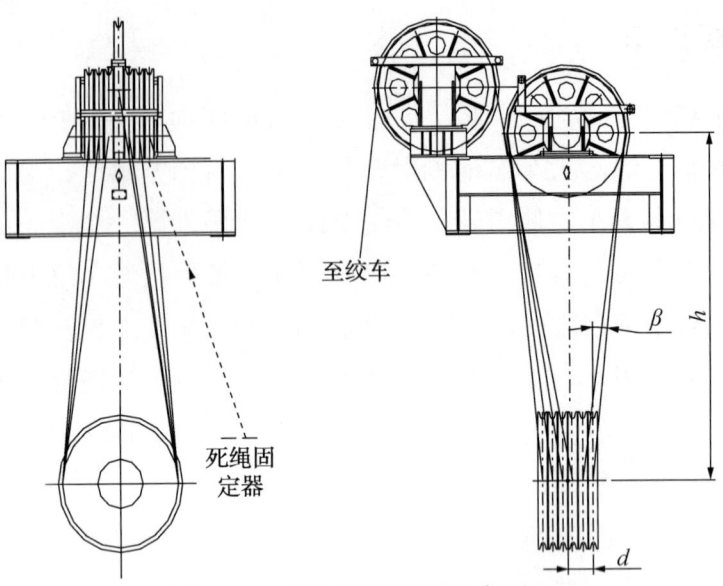

图 1.18　花穿天车穿绳示意图 2

2 设计有关规定及常用资料

2.1 井架、底座、天车设计所用标准

(1) API Spec 4F《钻井和修井井架底座规范》;
(2) API Spec 8C《钻井和采油提升设备规范》;
(3) AISC 335-89《结构钢建筑物规范 许用应力设计和塑性设计》;
(4) ASCE/SEI-05《建筑物和其它结构的最低设计载荷》;
(5) GB/T 25428《石油天然气工业钻井和采油设备 钻井和修井井架、底座》;
(6) AWS D1.1/D1.1M《钢结构焊接规范》。

2.2 井架、底座、天车设计相关技术文件

根据 API Spec 4F 的要求,设计认证应提供技术文件,其内容如图 2.1 所示。图 2.1 中的设计输出文件为设计工作应完成的设计内容。

2.3 设计常用资料

2.3.1 常用金属材料

2.3.1.1 井架、底座材料选用原则

(1) 井架与底座主要承载结构件材料的屈服强度不得低于 $235N/mm^2$,对轴类不得低于 $414N/mm^2$,且不得使用沸腾钢。
(2) 在-20℃以下工作的井架与底座的材料的特殊要求按合同规定。

2.3.1.2 常用金属材料的主要机械性能

(1) 碳素结构钢 Q235 的主要机械性能见表 2.1。

技术文件
- 企标
- 设计控制文件
- 设计输出文件
  - 设计图样
  - 设计文件
    - 初步设计说明书
    - 技术设计说明书
    - 总体计算书
    - 设计计算书
    - 设计验证计算书（如果有）
    - 使用说明书
    - 设计验证试验大纲（如果有）
    - 设计确认试验大纲（如果有）
    - 设计验证试验报告（如果有）
    - 设计确认试验报告
    - 鉴定大纲
    - 图样目录
    - 文件目录
    - 外购件汇总清单
    - 标准件汇总单清
    - 材料采购清单
    - 发货清单
    - 包装文件

图 2.1 设计认证应提供的技术文件

表 2.1 Q235 主要机械性能

钢材厚度或直径，mm	≤16	>16~40	>40~60	>60~100	>100~150
屈服点 σ_s，MPa	235	225	215	205	195
抗拉强度 σ_b，MPa	375~500				

（2）低合金高强度结构钢 Q345 的主要机械性能见表 2.2。

表 2.2 Q345 主要机械性能

钢材厚度或直径，mm	≤16	>16~35	>35~50	>50~100
屈服点 σ_s，MPa	345	325	295	275
抗拉强度 σ_b，MPa	470~630			

2 设计有关规定及常用资料

(3) 20 号、45 号优质碳素结构钢的主要机械性能见表 2.3。

表 2.3　20 号、45 号优质碳素结构钢的主要机械性能

牌号	试样尺寸，mm	热处理	σ_s，MPa	σ_b，MPa	硬度 未热处理	硬度 退火钢
20 号	25	正火	245	410	≤156HBS	—
45 号	25	正火	355	600	≤241HBS	≤207HBS

(4) 锻件用合金结构钢 35CrMo 的主要机械性能见表 2.4。

表 2.4　35CrMo 主要机械性能

钢材厚度或直径，mm		≤100	>100~300	>300~500	备注
纵向	σ_s，MPa	540	490	440	调质 207~269HBS
纵向	σ_b，MPa	735	685	635	调质 207~269HBS
切向	σ_s，MPa		440	390	
切向	σ_b，MPa		635	590	

(5) 铸钢件主要机械性能见表 2.5。

表 2.5　铸钢件主要机械性能

钢号	σ_s，MPa	σ_b，MPa	备注
ZG230-450H	230	450	焊接结构用铸钢碳钢，厚度≤100mm
ZG310-570	310	570	结构用铸造碳钢，厚度≤100mm
ZG35CrMo	510	740~880	合金铸钢钢截面尺寸≤100mm（调质）

(6) 常用金属轴衬材料的性能见表 2.6。

表 2.6　铸铝青铜 ZCuAl10Fe₃（ZQAl₉₋₄）主要机械性能

项目	σ_b，MPa	σ_s，MPa	硬度	允许值 $[p]$，kgf/cm²	允许值 $[v]$，m/s	允许值 $[pv]$，(kgf·m/cm²·s)
砂模	490	180	110HBS	300	8	120
金属模	540	200	120~140HBS	300	8	120

2.3.1.3　硬度与强度的关系

(1) 硬度与强度换算经验公式，见表 2.7。

(2) 热处理技术条件的确定，见表 2.8。

表 2.7　硬度与强度换算经验公式

材料种类	经验公式	备 注
未淬硬钢	$\sigma_b = 0.362 HBS$	<175HBS
	$\sigma_b = 0.345 HBS$	>175HBS
	$\sigma_b = 2.64 \times 10^3/130 - HRB$	<90HBS
	$\sigma_b = 2.51 \times 10^3/130 - HRB$	190<HRB<100
淬硬钢	$\sigma_b = \frac{1}{3}HB = 2.1BS = 3.2HRC$	
	$\sigma = \frac{1}{2}\sigma_b$	
碳钢	$\sigma_b = 0.36 HBS$（低碳钢）	
	$\sigma_b = 0.34 HBS$（高碳钢）	
铸钢	$\sigma_b = (0.3 \sim 0.4) HBS$	>40HRC
	$\sigma_b = 8.61 \times 10^3/100 - HRC$	
	$\sigma_b = (0.354 \sim 0.798) HV$	
调质合金钢	$\sigma_b = 0.325 HBS$	

表 2.8　调质处理结构钢

强度等级	Q40	Q50	Q60	Q70	Q80
硬度	187~237HBS	217~267HBS	240~276HBS	269~302HBS	287~323HBS
有效表面尺寸,mm	钢　号				
≤25	45	45	45	35CrMo	35CrMo
>25~50	45	45	35CrMo	35CrMo	35CrMo
>50~75	45	35CrMo	35CrMo	35CrMo	35CrMo
>75~100	45	35CrMo	35CrMo	35CrMo	35CrMo
>100~125	45	35CrMo	35CrMo	35CrMo	35CrMo
>125~150	45	35CrMo	35CrMo	35CrMo	42CrMo
>150~175	45	35CrMo	35CrMo	35CrMo	42CrMo
>175~200	35CrMo	35CrMo	35CrMo	42CrMo	
>200~250	35CrMo	35CrMo	35CrMo		

注：(1) Q40~Q80 表示强度级，强度级以屈服点 σ_s 表示，如 Q50 表示屈服点，≥490MPa(50kgf/mm²)；
(2) 以上数据均为纵向性能。

2.3.1.4 计算材料质量的通用公式

(1) 钢板：

$$m_{板} = 7.85 A_1 \delta$$

式中　$m_{板}$——钢板总质量，kg；

δ——钢板厚度，mm；

A_1——钢板面积，m²。

(2) 型钢：

$$m_{型} = 0.785 A_2 L$$

式中　$m_{型}$——型钢总质量，kg；

L——型钢长度，m；

A_2——型钢截面面积，cm²。

2.3.1.5 常用型材的标记

详见表2.9。

表2.9　常用型材标记

断面	尺寸	标记 图形符号	标记 必要尺寸
圆形 圆管形		∅	d d×t
方形 空心方管形		□	b b×t
扁矩形 空心矩管形		□	b×h b×h×t
角钢		L	B×b×d

续表

断 面	尺 寸	标 记 图形符号	标 记 必要尺寸
T形钢		T	$h×B×t_1×t_2$
工字钢		I	$h×b×d×t$
H钢		H	$H×B×t_1×t_2$
槽钢		U	$h×b×d×t$
Z形钢		Z	$H×B×t$
钢轨			

2.3.2 标准件

2.3.2.1 标准选用

标准件选用标准见表2.10。

表2.10 选用标准

标准号	名 称	标记示例	备 注
GB/T 5782	六角头螺栓	螺栓 M24×80	M24表示螺纹规格,80表示公称长度
GB/T 5783	六角头螺栓(全螺纹)	螺栓 M24×80	
GB/T 31.1	六角头螺杆带孔螺栓	螺栓 M24×80	

续表

标准号	名称	标记示例	备注
GB/T 32.1	六角头头部带孔螺栓	螺栓 M24×80	
GB/T 71	开槽紧定螺钉	螺栓 M24×80	
GB/T 6170	I型六角螺母	螺母 M24	
GB/T 6172.1	六角薄螺母	螺母 M24	
GB/T 6178	I型六角开槽螺母	螺母 M24	
GB/T 97.2	平垫圈—倒角型	垫圈 20	
GB/T 1230	钢结构用高强度垫圈	垫圈 20	与高强度螺栓配套
GB/T 93	标准型弹簧垫圈	垫圈 16	
GB/T 852	工字钢用方斜垫圈	垫圈 16	所有垫圈公称直径均为所配螺栓公称直径
GB/T 853	槽钢用方斜垫圈	垫圈 16	
GB/T 91	开口销	3×45	3为直径，45为短边长度
GB/T 5820	短环链	$\phi 5$	5为链环材料直径
GB/T 827	铝铆钉	$\phi 4$	
JB/T 7940.1—1995	压注油杯	M10×1	

2.3.2.2 标准件常用数据

（1）紧固件常用尺寸数据见表2.11。

表2.11 紧固件常用尺寸　　　　　　　　单位：mm

螺纹直径 d	螺距 p	螺母尺寸 m	s	e	平垫厚 h	弹簧垫厚 S_1	H	余留长 a	扳手空间 $E_{//}$	$M_\perp$	套筒扳手空间（直径）D
4	0.7	3.2	7	7.7	0.8	1.1	2.75	1~2			
5	0.8	4.7	8	8.8	1	1.3	3.25	1~2			
6	1	5.2	10	11	1.6	1.6	4	1.5~2.5	8	15	22
8	1.25	6.8	13	14.4	1.6	2.1	5.25	1.5~2.5	11	19	28
10	1.5	8.4	16	17.8	2	2.6	6.5	2~3	13	23	32
12	1.75	10.8	18	20	2.5	3.1	7.75	2~3	14	25	36
16	2	14.8	24	26.8	3	4.1	10.25	2.5~4	16	30	45

续表

螺纹直径d	螺距p	螺母尺寸 m	s	e	平垫厚h	弹簧垫厚 S_1	H	余留长a	扳手空间 $E_{//}$	$M_\perp$	套筒扳手空间(直径)D
20	2.5	18	30	33	3	5	12.5	2.5~4	20	35	52
24	3	21.5	36	39.6	4	6	15	3~5	24	42	62
30	3.5	25.6	46	50.9	4	7.5	18.75	3~5	30	50	75
36	4	31	55	60.8	5	9	22.5	4~7	36	60	92
42	4.5	34	65	72		10.5	26.25	4~7	42	70	
48	5	38	75	82.6		12	30	6~10	48	80	
56	5.5	45	85	93.6				6~10	52	90	
64	6	51	95	104.9					58	100	

注:(1) m 为螺母厚度,s 为螺母六角头平行面距离,e 为螺母六角头对角线长度。以上尺寸均按GB/T 6170—2000、GB/T 6171—2000 标准选取。

(2) S_1 为弹簧垫圈公称厚度,H 为弹簧垫圈最大厚度。

(3) 扳手空间说明见图2.2。

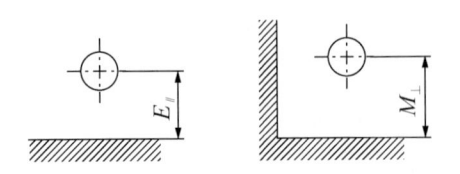

图2.2 扳手空间

(2)紧固件质量见表2.12。

表2.12 紧固件质量

螺纹直径 mm	螺栓每100mm长质量,kg	1000个螺母质量,kg GB/T 6170	GB/T 6172	GB/T 6178	1000个平垫圈质量,kg GB/T 97.2	GB/T 1230	GB/T 93	1000个斜垫圈质量,kg GB/T 852	GB/T 853
5	0.017	1.24	0.91	1.48	0.443		0.27		
6	0.025	2.32	1.83	3.74	1.015		0.49	5.7	4.5
8	0.047	5.67	4.67	7.22	1.828		1.11	7.1	5.6
10	0.072	10.99	8.18	13.1	3.57		2.13	11.6	9.19
12	0.103	16.32	11.21	20.52	6.27	10	3.63	18.5	17.0

续表

螺纹直径 mm	螺栓每100mm长质量，kg	1000个螺母质量，kg			1000个平垫圈质量，kg			1000个斜垫圈质量，kg	
		GB/T 6170	GB/T 6172	GB/T 6178	GB/T 97.2	GB/T 1230	GB/T 93	GB/T 852	GB/T 853
16	0.185	34.12	19.31	38.29	11.29	23	8.42	37.5	28.0
20	0.304	61.9	34.15	78	17.16	33	15.54	60.4	47.3
24	0.459	111.9	61.7	137.1	32.31	55	27.1	109	84.0
30	0.765	234.2	109.4	264.7	53.61	74	52.71	174	130
36	1.166	370.6	181.7	282.4	92.03		90.89	259	190
42	1.681	598.6	294.4				144.1		
48	2.280	957.3	445.6				214.85		
56	3.260	1420	768						
64	4.470	1912	1081.3						

注：六角头螺栓—C级（摘自GB/T 5780—2000）；六角头螺栓—全螺纹—C级（摘自GB/T 5781—2000）。

（3）螺栓、螺母级别配套选用见表2.13。

表2.13 螺栓、螺母级别配套选用表

螺母级别	螺栓级别	螺纹规格范围
4	3.6 4.6 4.8	>16
5	3.6 4.6 4.8	≤16
5	5.6 5.8	所有
6	6.8	所有
8	8.8	所有
9	8.8	>16~≤39
9	9.8	≤16
10	10.9	所有
12	12.9	≤39

（4）开口销数据见表2.14。

（5）短环链数据见表2.15。

表 2.14 开口销数据表

开槽螺母螺纹规格	开口销 规格	质量，kg
5	1.2×12	0.00011
6	1.6×14	0.00022
8	2×16	0.00053
10	2.5×20	0.001
12	3.2×22	0.0012
16	4×28	0.0028
20	4×36	0.0036
24	5×40	0.0068
30	6.3×50	0.0115
36	6.3×65	0.0150

表 2.15 短环链数据表

名义直径 d，mm	节距内长 P，mm	单环外宽 W，mm	最小破断拉力 F_{min}，kN
4	12	13	20.2
5	15	17	32.3
6	18	20	110
7	21	23	150
8	24	26	200
9	27	30	250
10	30	33	320
11	33	36	380
12	36	39	460
14	42	46	630
16	48	52	800
18	54	59	1000
20	60	65	1250

2.3.3 起升设备

（1）BDH 隔爆电动葫芦数据见表 2.16。

2 设计有关规定及常用资料

表 2.16 BDH 隔爆电动葫芦数据表

型号	起重量,t	最大高度,mm	最大宽度,mm	最大长度,mm	起升高度,m	质量,kg	备注
BDH 0.5-9	0.5	670	944(405)*	737	9	150	使用环境条件和用户协议
BDH 20-12	20				12		
BDH 30-12	30				12		

注：表中 * 为固定式电动葫芦宽度。

（2）液压绞车数据见表 2.17。

表 2.17 液压绞车数据表

型号	底层拉力 kN	外形尺寸(长×宽×高) mm×mm×mm	安装尺寸(长×宽) mm×mm	容绳量,m	安装螺栓	质量,kg
W500	5.00	348×300×264	170×236	φ6/46	4-M12	35
W1100	11.00	348×300×264	170×236	φ8/27	4-M12	35
W2000	20.00	435××470×456	240×360	φ10/56	4-M14	70
W3200	32.00	435×470×456	340×300	φ16/66	4-M14	120
W5700	57.00	578×535×525	350×450	φ16/102	4-M20	260

注：(1) 安装螺孔中心为滚筒中心。
(2) W 型液压绞车为宁波三立液压有限公司产品。

（3）气动绞车数据见表 2.18。

表 2.18 气动绞车数据表

型号	额定牵引力 kN	外形尺寸(长×宽×高) mm×mm×mm	安装尺寸(长×宽) mm×mm	质量,kg	备注
QF-0.5	5	668×343×420	110×210	117	安装螺栓 4-M16
XJFH 5/35	50	1000×620×1000	920×500	500	安装螺栓 4-M20

注：(1) 安装螺孔中心为滚筒中心。
(2) QF-0.5 为江苏如东石油机械厂生产；XJFH5/35 为山东泰安石油机械厂生产。

（4）开式索具螺旋扣数据见表 2.19。

表 2.19 开式索具螺旋扣数据表 （单位：mm）

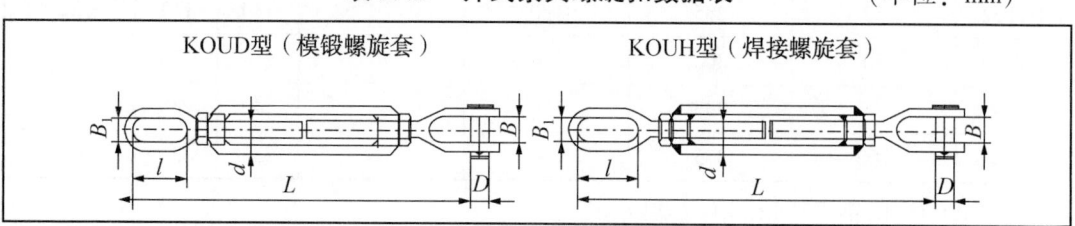

· 23 ·

续表

螺杆直径d	最大钢绳直径	B	B₁	D	l	L	质量, kg KOUD 型	KOUH 型
M20	15.5	27	27	20	60	445/630	2.8	
M24	19.5	32	32	26	80	540/775	5.3	5.7
M30	24.5	40	40	32	100	665/915	10.6	11.3

（5）液压千斤顶数据见表 2.20。

表 2.20 液压千斤顶数据表

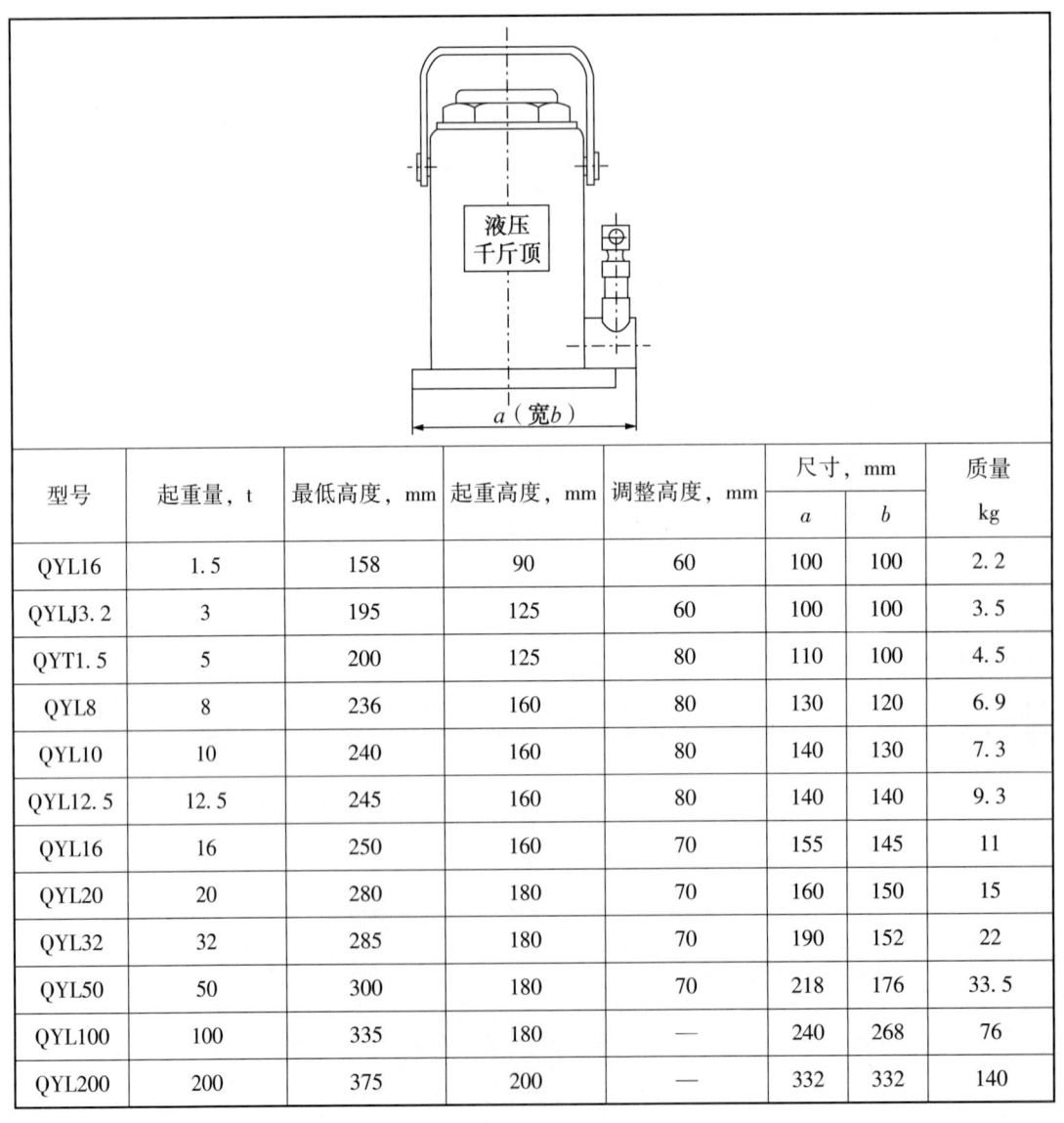

型号	起重量, t	最低高度, mm	起重高度, mm	调整高度, mm	尺寸, mm a	b	质量 kg
QYL16	1.5	158	90	60	100	100	2.2
QYLJ3.2	3	195	125	60	100	100	3.5
QYT1.5	5	200	125	80	110	100	4.5
QYL8	8	236	160	80	130	120	6.9
QYL10	10	240	160	80	140	130	7.3
QYL12.5	12.5	245	160	80	140	140	9.3
QYL16	16	250	160	70	155	145	11
QYL20	20	280	180	70	160	150	15
QYL32	32	285	180	70	190	152	22
QYL50	50	300	180	70	218	176	33.5
QYL100	100	335	180	—	240	268	76
QYL200	200	375	200	—	332	332	140

注：QYL系列产品为河北徐水巨力集团生产。

2.3.4 连接件

连接件包括销轴、单(双)耳板及别针,销轴和耳板是承受连接载荷的零件,别针和止动销是用来防止销轴松动的零件。销轴又可分为单锥销轴、双锥销轴和止动销。单锥销轴由于连接简单且可靠性高,所以对一般连接优先选用,直径在 20~90mm 范围内与别针配套使用,当直径≥100mm 时与止动销别针配套使用。双锥销轴两端均与止动销、别针配套使用,它是在单锥销轴无法或很难退销的情况下予以选用。

2.3.4.1 销轴

2.3.4.1.1 单锥销轴

单锥销轴结构如图 2.3 所示,有关尺寸见表 2.21,技术要求为:
(1) 调质处理 240~276HBS;
(2) 表面磷化处理。

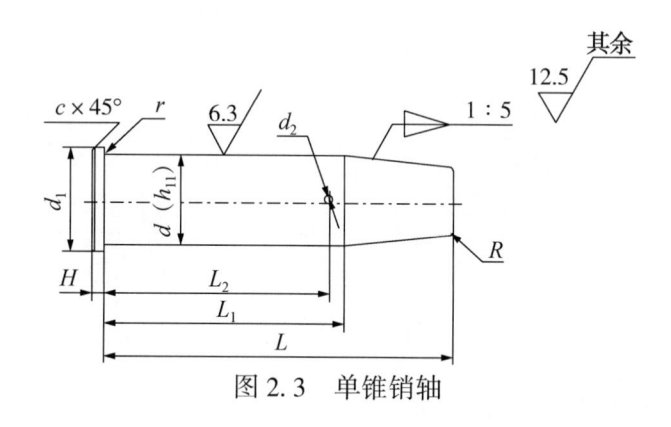

图 2.3 单锥销轴

标记示例:销轴 30×130,表示 d 为 30mm,L 为 130mm 的销轴。

表 2.21 单锥销轴数据表

直径 d mm	承载量,kN	尺寸,mm										质量,kg
		L	L_1	L_2	d_1	d_2	H	c	r	R	
$20^{\ 0}_{-0.13}$	40.6(55.39)	100(90)	75(65)	65(55)	25	4	4	0.5	0.5	1	0.246(0.221)
$30^{\ 0}_{-0.13}$	114.24(146.88)	135(120)	95(80)	85(70)	38	6	6	1	1	1.5	0.741(0.657)
$40^{\ 0}_{-0.16}$	203.10(243.71)	175(155)	125(105)	115(95)	48	6	6	1	1	1.5	1.69(1.59)
$45^{\ 0}_{-0.16}$	261.89(315.46)	195(175)	135(115)	125(105)	23	6	6	1	1	1.5	2.34(2.09)
$50^{\ 0}_{-0.16}$	328.28(413.92)	210(185)	145(120)	135(110)	60	8	8	1.5	1.5	2	3.15(2.77)

续表

直径 d mm	承载量，kN	尺寸，mm									质量，kg
^	^	L	L_1	L_2	d_1	d_2	H	c	r	R	^
$55^{0}_{-0.19}$	402.26(527.97)	225(195)	155(125)	145(115)	65	8	8	1.5	1.5	2	4.06(3.51)
$60^{0}_{-0.19}$	470.02(632.72)	240(205)	165(130)	155(120)	70	8	8	1.5	1.5	2	5.15(4.38)
$65^{0}_{-0.19}$	557.75(746.99)	260(225)	175(140)	165(130)	75	8	8	1.5	1.5	2	6.47(5.56)
$70^{0}_{-0.19}$	653.08(791.61)	285(250)	195(160)	185(150)	80	8	10	1.5	1.5	2	8.32(7.26)
$75^{0}_{-0.19}$	756.01(892.51)	295(265)	200(170)	190(160)	85	8	10	1.5	1.5	2	9.87(8.83)
$80^{0}_{-0.19}$	866.54(1053.90)	320(275)	220(175)	210(165)	90	8	10	1.5	1.5	2	12.18(10.40)
$90^{0}_{-0.22}$	1110.42(1388.03)	355(305)	240(190)	230(180)	100	10	12	2	2	2	17.03(14.53)
$100^{0}_{-0.22}$	1523.21	360	235	215	110	26	12	2	2	2.5	20.88
$110^{0}_{-0.22}$	1813.09	380	250	230	120	26	12	2.5	2	2.5	26.79
$120^{0}_{-0.22}$	2193.43	405	270	250	130	26	12	2.5	2	2.5	34.16
$130^{0}_{-0.25}$	2574.23	415	275	255	140	26	12	2.5	2	2.5	41.12
$140^{0}_{-0.25}$	2985.50	450	310	290	150	26	15	2.5	2	2.5	52.71
$150^{0}_{-0.25}$	3427.23	470	330	310	160	26	15	2.5	2	2.5	63.57
$160^{0}_{-0.25}$	3899.43	485	345	325	170	26	15	2.5	2	2.5	74.90
$170^{0}_{-0.25}$	4402.09	520	370	350	180	26	15	2.5	2	2.5	90.36
$180^{0}_{-0.25}$	4935.21	525	375	355	190	26	15	2.5	2	2.5	102.76

注：表中直径20~90mm中的承载量、L、L_1、L_2、质量5列中，不带括号的数据是耳板材质为Q235对应的数据，带括号的数据是耳板材质为Q345对应的数据。

2.3.4.1.2 双锥销轴

双锥销轴结构如图2.4所示，有关尺寸见表2.22，其技术要求为：

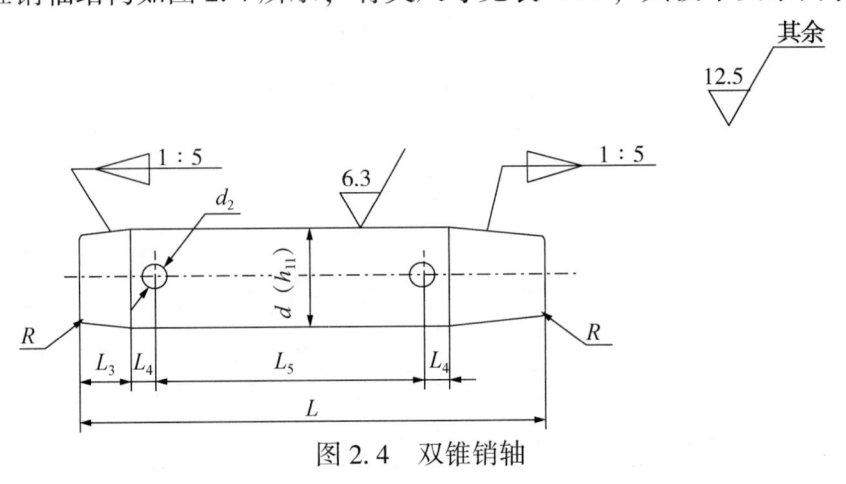

图2.4 双锥销轴

(1) 调质处理 240~276HBS；

(2) 表面磷化处理。

标记示例：双锥销轴 $\phi 40\times 230$，表示 d 为 40mm，L 为 230mm 的双锥销轴。

表 2.22 双锥销轴数据表

直径 d mm	尺寸，mm						质量，kg
	L	L_3	L_4	L_5	d_2	R	
$40^{0}_{-0.16}$	230(210)	30	15	130(110)	16	1.5	1.73(1.53)
$55^{0}_{-0.19}$	270(240)	30	15	155(125)	16	2	4.04(3.48)
$60^{0}_{-0.19}$	285(250)	35	15	165(130)	16	2	5.17(4.39)
$65^{0}_{-0.19}$	300(265)	35	15	175(140)	16	2	6.45(5.54)
$70^{0}_{-0.19}$	335(300)	45	15	195(160)	16	2	8.47(7.42)
$75^{0}_{-0.19}$	350(315)	45	15	205(170)	16	2	10.25(8.04)
$80^{0}_{-0.19}$	370(325)	50	15	220(175)	16	2	12.47(10.69)
$90^{0}_{-0.22}$	400(350)	50	15	240(190)	16	2	17.48(14.99)

注：(1) 承载量与表 2.21 对应相同。

(2) 表中 L、L_5 及质量 3 列中，不带括号的数据是耳板材质为 Q235 对应的数据，带括号者是耳板材质为 Q345 对应的数据。

2.3.4.1.3 止动销

参考单锥销轴图 2.3，其有关尺寸见表 2.23。

表 2.23 止动销数据表

直径 d mm	尺寸，mm								质量 kg	备注
	L	L_1	L_2	d_1	d_2	H	c	r	R		
15	95	80	75	20	4	4	0.5	0.5	1	0.14	配双锥销 $\phi 40\sim 65$
15	120	105	100	20	4	4	0.5	0.5	1	0.17	配双锥销 $\phi 70\sim 90$
25	180	155	150	30	4	6	1	1	1.5	0.70	配单锥销 $\phi 100\sim 140$
25	220	195	190	30	4	6	1	1	1.5	0.86	配单锥销 $\phi 150\sim 180$

注：止动销调质处理均为 240~276 HBS。

2.3.4.2 别针

别针结构如图 2.5 所示，有关尺寸见表 2.24，其技术要求为：

(1) 缠绕圈数 1.5 圈；

(2) 表面磷化处理。

标记示例：别针 3×50 表示 d 为 3mm，e 为 50mm 的别针。

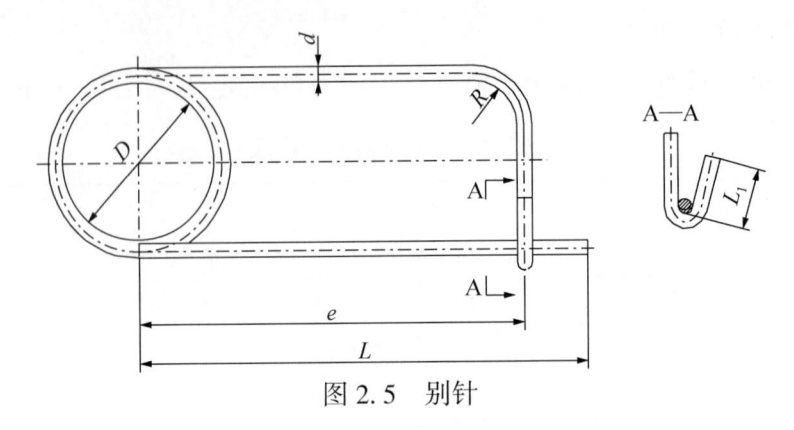

图 2.5 别针

表 2.24 别针数据表

钢丝直径 d，mm	D	尺寸，mm				质量，kg
		e	L	R	L_1	
3	35	50	62	8	12	~0.02
4	40	80	100	12	20	~0.05
6	65	120	146	18	25	~0.14
8	80	160	190	18	30	~0.36
10	120	230	270	18	30	~0.78

注：别针材料均为碳素弹簧钢丝 C 级。

2.3.4.3 单(双)耳板

耳板有 A 型和 B 型两种型式，如图 2.6 所示，其结构尺寸见表 2.25。

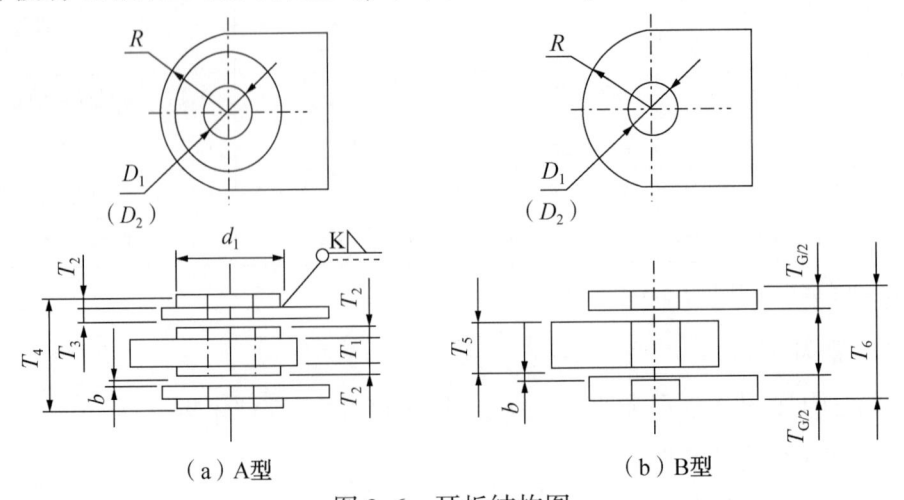

（a）A型　　　　　（b）B型

图 2.6 耳板结构图

2 设计有关规定及常用资料

表 2.25 耳板结构尺寸

销轴直径 d mm	耳板材料	T_1	T_2	T_3	T_5	T_4	T_6	b	R	d_1	D_1	D_2	K
20	Q235				20		48	3	30		$20^{+0.32}_{+0.11}$	$21^{+0.21}_{0}$	
	Q345				16		38						
30	Q235				30		66	3	45		$30^{+0.32}_{+0.11}$	$31^{+0.25}_{0}$	
	Q345				22		50						
40	Q235	28	7	14	40	92	88	4	50	84	$40^{+0.37}_{+0.12}$	$41^{+0.25}_{0}$	6
	Q345	20	6	10	32	72	72						
45	Q235	30	8	16	46	102	100	4	60	104	$45^{+0.38}_{+0.13}$	$46^{+0.25}_{0}$	6
	Q345	24	6	12	36	80	80						
50	Q235	34	8	18	50	110	108	4	65	114	$50^{+0.38}_{+0.13}$	$51^{+0.35}_{0}$	6
	Q345	26	6	14	38	86	84						
55	Q235	36	10	18	56	120	120	4	70	124	$55^{+0.44}_{+0.14}$	$56^{+0.30}_{0}$	6
	Q345	28	6	14	40	88	88						
60	Q235	36	12	18	60	130	130	5	75	134	$60^{+0.44}_{+0.14}$	$61^{+0.30}_{0}$	6
	Q345	30	6	16	42	96	94						
65	Q235	40	12	20	64	138	138	5	85	154	$65^{+0.44}_{+0.14}$	$66^{+0.30}_{0}$	6
	Q345	32	7	16	46	102	102						
70	Q235	46	14	23	74	158	158	5	90	160	$70^{+0.45}_{+0.15}$	$71^{+0.30}_{0}$	8
	Q345	36	10	18	56	122	122						
75	Q235	46	16	24	78	168	166	5	95	170	$75^{+0.45}_{+0.15}$	$76^{+0.30}_{0}$	8
	Q345	38	12	20	62	136	134						
80	Q235	50	18	25	86	182	182	5	100	180	$80^{+0.45}_{+0.15}$	$81^{+0.35}_{0}$	8
	Q345	40	12	20	64	138	138						
90	Q235	55	20	28	96	201	202	5	115	206	$90^{+0.52}_{+0.17}$	$91^{+0.35}_{0}$	10
	Q345	42	14	22	70	152	150						
100	Q345	55	14	28		179		6	130	236		$101^{+0.35}_{0}$	10
110	Q345	60	16	30		196		6	150	276		$111^{+0.35}_{0}$	10
120	Q345	65	18	32		213		6	160	296		$121^{+0.40}_{0}$	10
130	Q345	65	20	32		221		6	170	316		$131^{+0.40}_{0}$	10
140	Q345	70	25	36		254		6	190	356		$141^{+0.40}_{0}$	10

续表

销轴直径 d mm	耳板材料	耳板尺寸，mm											
^	^	T_1	T_2	T_3	T_5	T_4	T_6	b	R	d_1	D_1	D_2	K
150	Q345	80	25	40		275		7.5	200	370		$151_0^{+0.40}$	12
160	Q345	85	25	44		288		7.5	210	390		$161_0^{+0.40}$	12
170	Q345	95	26	50		314		7.5	230	430		$171_0^{+0.40}$	12
180	Q345	100	26	50		319		7.5	240	450		$181_0^{+0.46}$	12

注：D_1、D_2 分别为井架、底座的销孔直径。

2.3.5 起(提)升件

2.3.5.1 钢丝绳

（1）选用标准：

① API Spec 9A《钢丝绳规范》；

② SY/T 5170—2013《石油天然气工业用钢丝绳》；

③ GB 8918—2006《重要用途用钢丝绳》；

④ YB/T 5225—1993《粗直径钢丝绳》。

（2）钢丝绳选用详见表2.26、表2.27和表2.28。

钢丝绳捻法分为：左交互捻，右交互捻，用户无特殊要求时，均按左交互捻选用。

表2.26 6×37类钢丝绳纤维芯

钢丝绳直径，mm	参考重量 kg/100m	最小破断拉力，kN		钢丝绳直径，mm	参考重量 kg/100m	最小破断拉力，kN	
^	^	1770级	1960级	^	^	1770级	1960级
13	58.5	88.2	97.7	26	239	353	391
14	67.8	102	113	28	271	409	453
16	88.6	134	148	32	354	535	592
18	112	169	187	35	424	640	708
19	125	188	209	36	448	677	749
20	138	209	231	38	500	764	835
22	167	253	280	40	554	835	925
24	199	301	333				

2 设计有关规定及常用资料

表 2.27 6×19 类钢丝绳纤维芯

钢丝绳公称直径, mm	参考重量 kg/100m	最小破断拉力, kN 1770级	最小破断拉力, kN 1960级	最小破断拉力, kN 2160级
13	60.7	98.7	109	120
14	70.4	114	127	140
16	91.9	150	166	182
18	116	189	210	231
19	130	211	233	257
20	144	234	259	285
22	174	283	313	345
24	207	336	373	411
26	243	395	437	482
28	281	458	507	559
32	368	598	662	730
35	440	716	792	873
36	465	757	838	924
38	518	843	934	1030
40	574	935	1040	1140
44	695	1130	1250	1380
45	272	1180	1310	1440
48	827	1350	1490	1640
51	934	1520	1680	1850
52	971	1580	1750	1930
54	1130	1830	2030	2240
60	1290	2100	2330	2570

表 2.28 8×61 类纤维芯绳(FC)

钢丝绳公称直径, mm	参考质量, kg/100m	钢丝绳最小破断拉力, kN 1570级	钢丝绳最小破断拉力, kN 1770级
60	1282	1540	1730
63	1431	1690	1910
67	1598	1920	2160
71	1795	2150	2480
75	2003	2400	2710

续表

钢丝绳公称直径, mm	参考质量, kg/100m	钢丝绳最小破断拉力, kN	
		1570 级	1770 级
80	2278	2730	3080
85	2572	3090	3400
90	2883	3460	3900
95	3213	3850	4340
100	3560	4270	4810
106	4000	4800	5410

注：表中 $\phi 60 \sim \phi 67$ 符合 GB/T 8918—2006 的规定；$\phi 71 \sim \phi 106$ 符合 YB/T 5225—1993 的规定。

（3）钢丝绳标记示例：45×37S+FC+1770，表示直径为 45mm，纤维芯，西鲁钢丝绳，其公称抗拉强度级为 1770N/mm^2。

2.3.5.2 绳具

2.3.5.2.1 钢丝绳夹

（1）标记示例：绳夹 20-8 左：表示钢丝绳为左捻 8 股，公称尺寸为 20mm 的钢丝绳夹。

注：6 股不标，右捻不标右。

（2）钢丝绳夹规格见表 2.29。

（3）钢丝绳夹使用方法见表 2.30。

表 2.29　钢丝绳夹数据表

绳夹规格 d（钢丝绳公称直径），mm	适用钢丝绳公称直径, mm	单组质量 kg	绳夹规格 d（钢丝绳公称直径），mm	适用钢丝绳公称直径, mm	单组质量 kg
6	6	0.034	26	>24~26	1.244
8	>6~8	0.073	28	>26~28	1.605
10	>8~10	0.140	32	>28~32	1.727
12	>10~12	0.243	36	>32~36	2.286
14	>12~14	0.372	40	>36~40	3.133
16	>14~16	0.402	44	>40~44	3.470
18	>16~18	0.601	48	>44~48	4.701
20	>18~20	0.624	52	>48~52	4.897
22	>20~22	1.122	56	>52~56	5.075
24	>22~24	1.205	60	>56~60	7.921

2 设计有关规定及常用资料

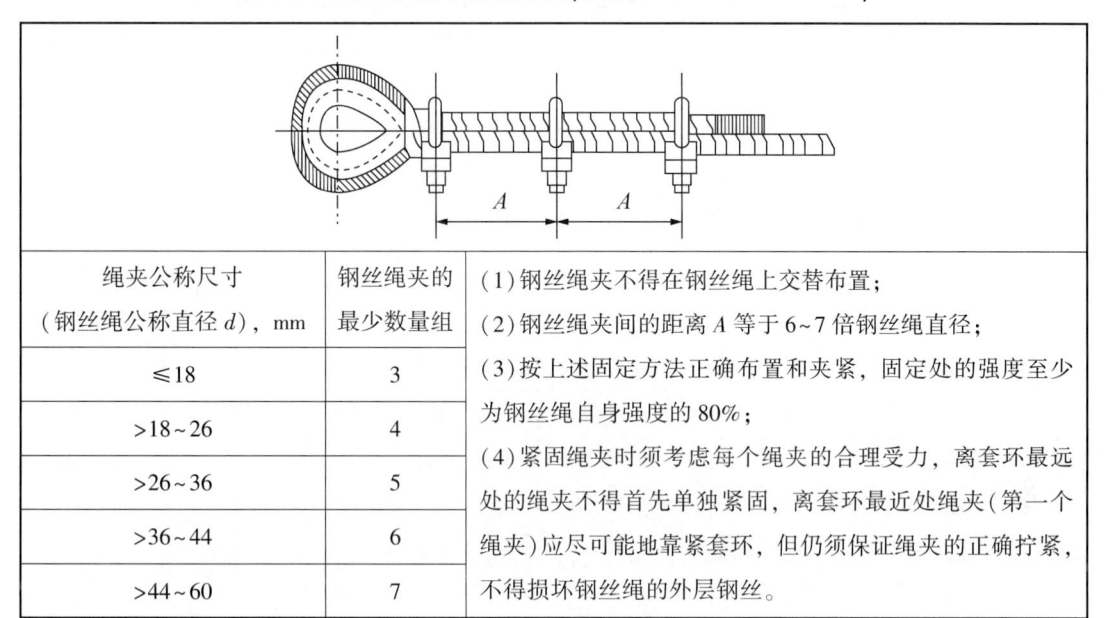

表 2.30 钢丝绳夹使用方法(摘自 GB/T 5976—2006)

绳夹公称尺寸 (钢丝绳公称直径 d),mm	钢丝绳夹的 最少数量组	说明
≤18	3	(1)钢丝绳夹不得在钢丝绳上交替布置; (2)钢丝绳夹间的距离 A 等于 6~7 倍钢丝绳直径; (3)按上述固定方法正确布置和夹紧,固定处的强度至少为钢丝绳自身强度的 80%; (4)紧固绳夹时须考虑每个绳夹的合理受力,离套环最远处的绳夹不得首先单独紧固,离套环最近处绳夹(第一个绳夹)应尽可能地靠紧套环,但仍须保证绳夹的正确拧紧,不得损坏钢丝绳的外层钢丝。
>18~26	4	
>26~36	5	
>36~44	6	
>44~60	7	

2.3.5.2.2 钢丝绳用重型套环

钢丝绳用重型套环数据见表 2.31。

表 2.31 钢丝绳用重型套环数据(摘自 GB 5974.2—2006)

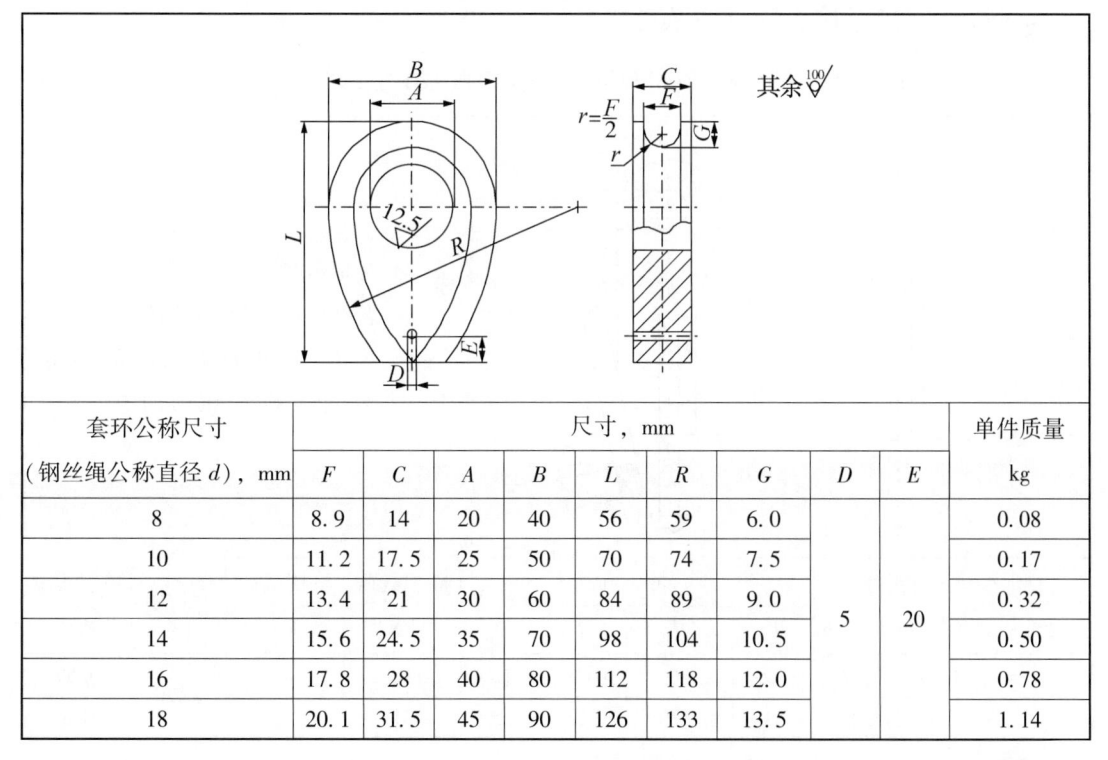

套环公称尺寸 (钢丝绳公称直径 d),mm	尺寸,mm									单件质量 kg
	F	C	A	B	L	R	G	D	E	
8	8.9	14	20	40	56	59	6.0	5	20	0.08
10	11.2	17.5	25	50	70	74	7.5			0.17
12	13.4	21	30	60	84	89	9.0			0.32
14	15.6	24.5	35	70	98	104	10.5			0.50
16	17.8	28	40	80	112	118	12.0			0.78
18	20.1	31.5	45	90	126	133	13.5			1.14

· 33 ·

续表

套环公称尺寸 (钢丝绳公称直径 d),mm	尺寸,mm								单件质量 kg
	F	C	A	B	L	R	G	D	E	

套环公称尺寸 (钢丝绳公称直径 d),mm	F	C	A	B	L	R	G	D	E	单件质量 kg
20	22.3	35	50	100	140	148	15.0	10	30	1.41
22	24.5	38.5	55	110	154	163	16.5			1.96
24	26.7	42	60	120	168	178	18.0			2.41
26	29.0	45.5	65	130	182	193	19.5			3.46
28	31.2	49	70	140	196	207	21.0			4.3
32	35.6	56	80	160	224	237	24.0			6.46
36	40.1	63	90	180	252	267	27.0			9.77
40	44.5	70	100	200	280	269	30.0			12.94
44	49.0	77	110	220	308	326	33.0	15	45	17.02
48	53.4	84	120	240	336	356	36.0			22.75
52	57.9	91	130	260	364	385	39.0			28.41
56	62.3	98	140	280	392	415	42.0			35.56
60	66.8	105	150	300	420	445	45.0			48.35

2.3.5.2.3 钢丝绳用楔形接头

钢丝绳用楔形接头数据见表2.32。

表2.32 钢丝绳用楔形接头数据(摘自 GB/T 5973—2006)

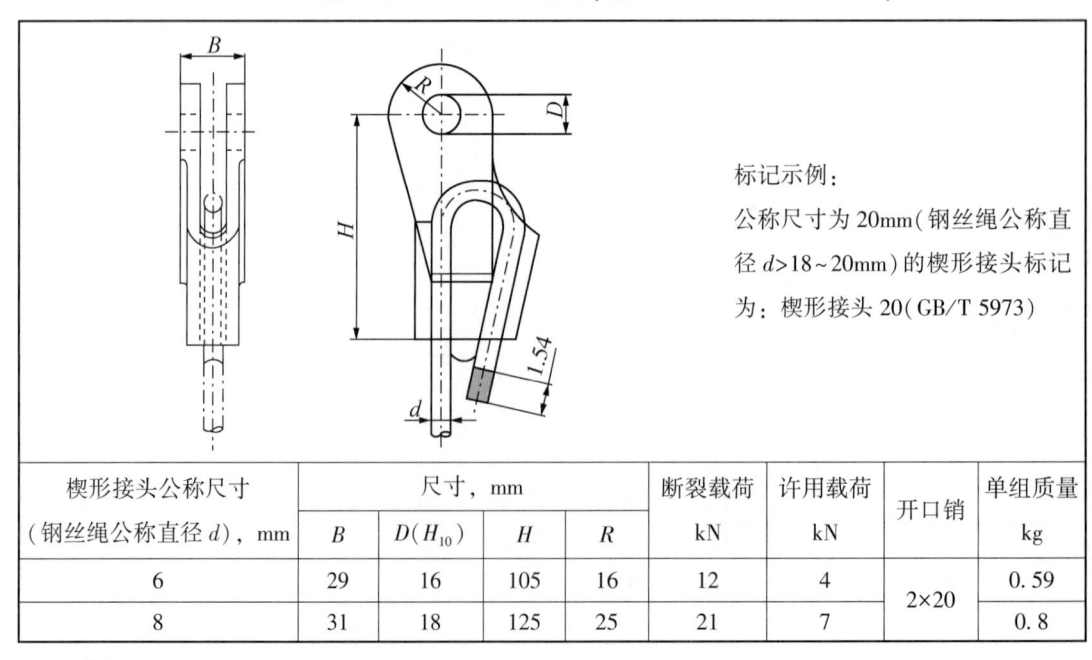

标记示例：

公称尺寸为 20mm(钢丝绳公称直径 $d>18\sim20$mm)的楔形接头标记为：楔形接头 20(GB/T 5973)

楔形接头公称尺寸 (钢丝绳公称直径 d),mm	尺寸,mm				断裂载荷 kN	许用载荷 kN	开口销	单组质量 kg
	B	D(H_{10})	H	R				
6	29	16	105	16	12	4	2×20	0.59
8	31	18	125	25	21	7		0.8

续表

楔形接头公称尺寸（钢丝绳公称直径 d），mm	尺寸，mm				断裂载荷 kN	许用载荷 kN	开口销	单组质量 kg
	B	$D(H_{10})$	H	R				
10	38	20	150	25	32	11	2×25	1.04
12	44	25	180	30	48	16	2×25	1.73
14	51	30	185	35	66	22	2×25	2.34
16	60	34	195	42	85	28	3×30	3.27
18	64	36	195	44	108	36	3×30	4.00
20	72	38	220	50	135	45	3×30	5.45
22	76	40	240	52	168	56	4×50	6.37
24	83	50	260	60	190	63	4×50	8.32
26	92	55	280	65	215	75	4×50	10.16
28	94	55	320	70	270	90	4×50	13.97
32	110	65	360	77	336	112	5×60	17.94
36	122	70	390	85	450	150	5×60	23.03
40	145	75	470	90	540	180	5×60	32.35

楔套相关尺寸见表 2.33。

表 2.33 楔套尺寸（摘自 GB/T 5973—2006）

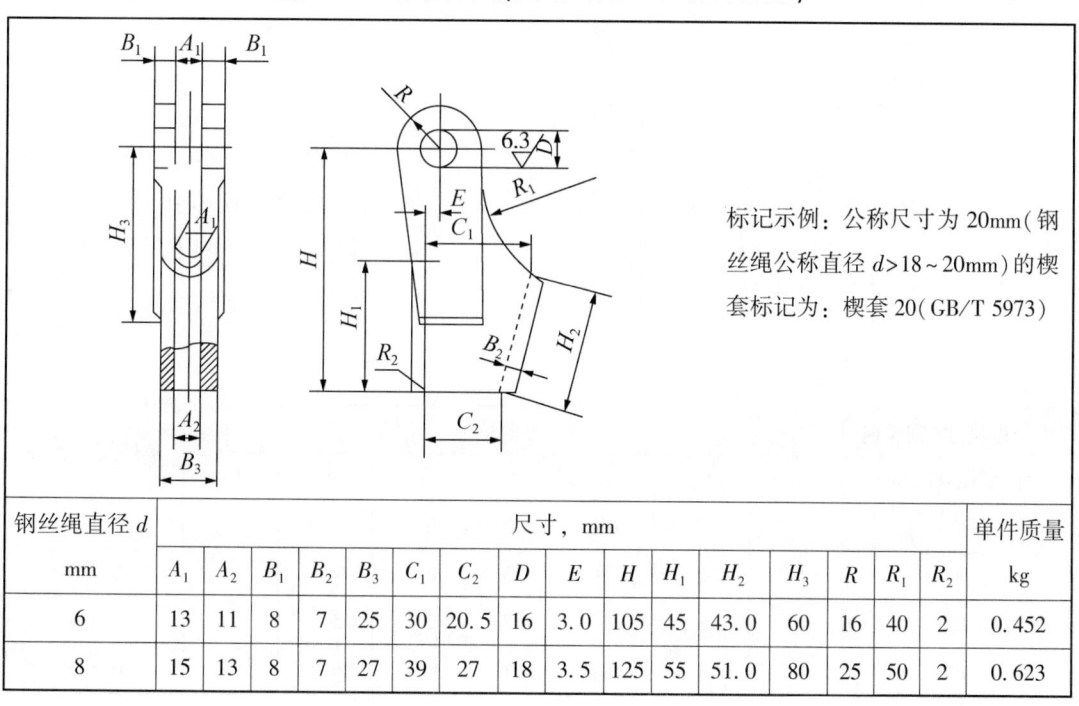

标记示例：公称尺寸为 20mm（钢丝绳公称直径 $d>18\sim20$mm）的楔套标记为：楔套 20(GB/T 5973)

钢丝绳直径 d mm	尺寸，mm														单件质量 kg
	A_1	A_2	B_1	B_2	B_3	C_1	C_2	D	E	H	H_1	H_2	H_3	R	R_1	R_2	
6	13	11	8	7	25	30	20.5	16	3.0	105	45	43.0	60	16	40	2	0.452
8	15	13	8	7	27	39	27	18	3.5	125	55	51.0	80	25	50	2	0.623

续表

钢丝绳直径 d mm	尺寸，mm													单件质量 kg
	A_1	A_2	B_1	B_2	B_3	C_1	C_2	D	E	H	H_1	H_2	H_3	R	R_1	R_2	
10	18	16	10	8	30	49	32.5	20	4.5	150	75	71.0	100	25	60	3	0.802
12	20	18	12	10	36	58	40.5	25	5.5	180	80	75.0	110	30	70	3	1.309
14	23	21	14	13	41	69	50.5	30	6.5	185	85	79.0	140	35	80	3	1.708
16	26	24	17	15	48	77	56.5	34	7.5	195	95	88.0	140	42	90	4	2.379
18	28	26	18	17	52	87	65.5	36	8.5	195	100	92.0	150	44	100	4	2.948
20	30	28	21	18	58	93	68.0	38	9.5	220	115	107.0	160	50	110	4	3.939
22	32	29	22	22	64	104	80.0	40	10.5	240	115	107.0	180	52	120	5	4.571
24	35	32	24	24	71	112	86.5	50	11.5	260	120	109.0	200	60	130	5	5.928
26	38	35	27	25	76	120	92.5	55	12.5	280	130	118.0	210	65	140	6	7.153
28	40	36	27	25	78	129	93.0	55	13.5	320	165	154.0	230	70	155	6	9.906
32	44	40	33	27	84	146	104.0	65	15.0	360	190	180.0	270	77	175	7	12.948
36	48	44	37	32	96	166	120.5	70	17.0	390	210	195.0	280	85	195	7	16.848
40	55	51	45	32	103	184	125.5	75	19.0	470	260	246.0	340	90	210	8	23.665

楔的尺寸见表 2.34。

表 2.34 楔的尺寸(摘自 GB/T 5973—2006)

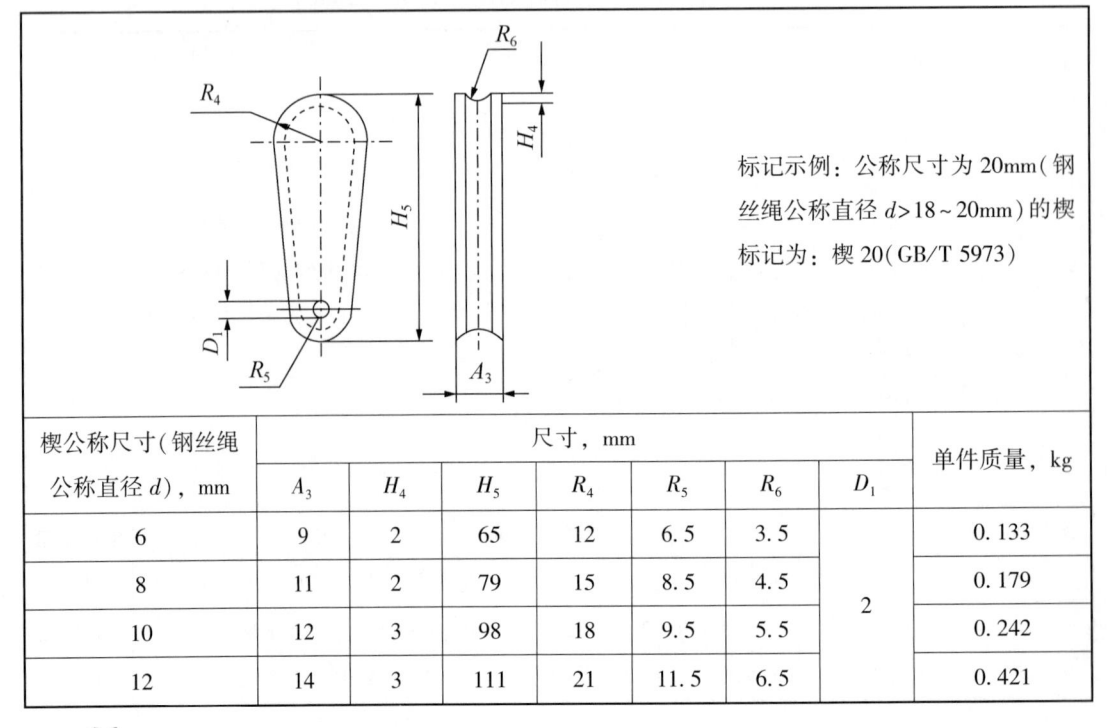

标记示例：公称尺寸为 20mm(钢丝绳公称直径 $d>18\sim20$mm)的楔标记为：楔 20(GB/T 5973)

楔公称尺寸(钢丝绳公称直径 d)，mm	尺寸，mm						单件质量，kg
	A_3	H_4	H_5	R_4	R_5	R_6	D_1	
6	9	2	65	12	6.5	3.5	2	0.133
8	11	2	79	15	8.5	4.5		0.179
10	12	3	98	18	9.5	5.5		0.242
12	14	3	111	21	11.5	6.5		0.421

续表

楔公称尺寸(钢丝绳公称直径d), mm	尺寸, mm A_3	H_4	H_5	R_4	R_5	R_6	D_1	单件质量, kg
14	15	4	120	24	14.0	7.5	3	0.632
16	17	4	136	26	14.5	9.0	3	0.889
18	19	5	142	30	18.5	10.0	3	1.045
20	21	5	161	31	17	11.0	3	1.513
22	23	5	166	35	22.0	12.0	4	1.794
24	25	6	180	37	22.0	13.0	4	2.387
26	28	6	192	39	23.0	14.0	4	3.011
28	30	7	229	42	21.5	15.0	4	4.064
32	34	7	259	47	24.5	17.5	5	4.992
36	38	8	286	54	29.5	19.5	5	6.178
40	42	8	341	58	26.5	21.5	5	8.689

2.3.5.2.4 浇铸用接头

（1）浇铸用接头(闭式)尺寸见表2.35。

表2.35 浇铸用接头(闭式)尺寸

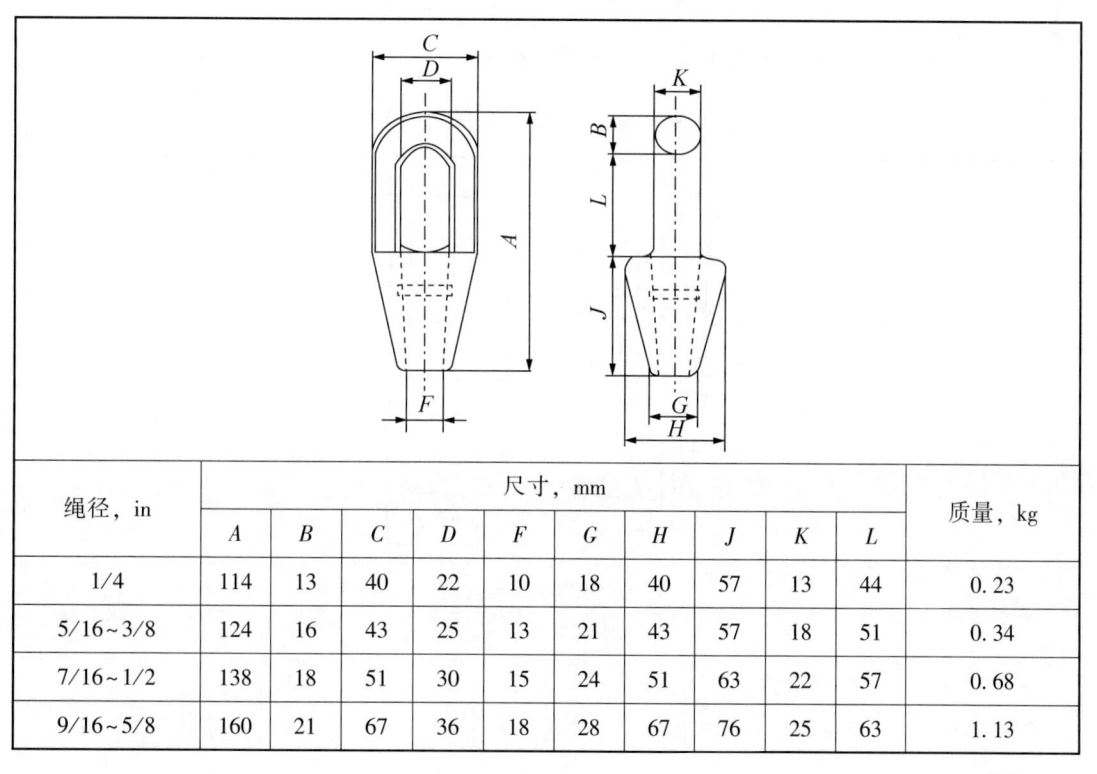

绳径, in	尺寸, mm A	B	C	D	F	G	H	J	K	L	质量, kg
1/4	114	13	40	22	10	18	40	57	13	44	0.23
5/16~3/8	124	16	43	25	13	21	43	57	18	51	0.34
7/16~1/2	138	18	51	30	15	24	51	63	22	57	0.68
9/16~5/8	160	21	67	36	18	28	67	76	25	63	1.13

续表

绳径, in	尺寸, mm										质量, kg
	A	B	C	D	F	G	H	J	K	L	
3/4	193	27	76	42	21	32	76	90	32	76	1.90
7/8	223	32	92	48	24	38	92	102	38	89	3.30
1	250	35	105	58	29	44	105	113	44	102	4.80
1⅛	279	38	114	65	32	51	114	127	51	114	6.50
1¼~1⅜	308	41	135	71	38	57	135	140	57	127	9.00
1½	354	50	135	81	41	70	135	152	64	152	13.30
1⅝	384	54	146	83	44	76	146	165	70	165	16.30
1¾~1⅞	439	56	171	95	51	80	171	191	76	192	26.00
2~2⅛	495	62	194	111	57	95	194	216	83	217	35.80
2¼~2⅜	537	67	216	127	64	102	216	229	92	241	47.60
2½~2⅝	597	79	241	140	73	114	241	248	102	270	63.50
2¾~2⅞	644	79	273	159	79	124	273	279	124	286	99.80
3~3⅛	686	83	292	171	86	133	292	305	133	298	125.20
3¼~3⅜	743	102	311	184	92	146	311	330	146	311	142.00
3½~3⅝	788	102	330	197	99	165	330	356	159	330	181.40
3¾~4	845	108	362	216	108	184	362	381	178	356	245.90

(2)浇铸用接头(开式)尺寸见表2.36。

表2.36 浇铸用接头(开式)尺寸

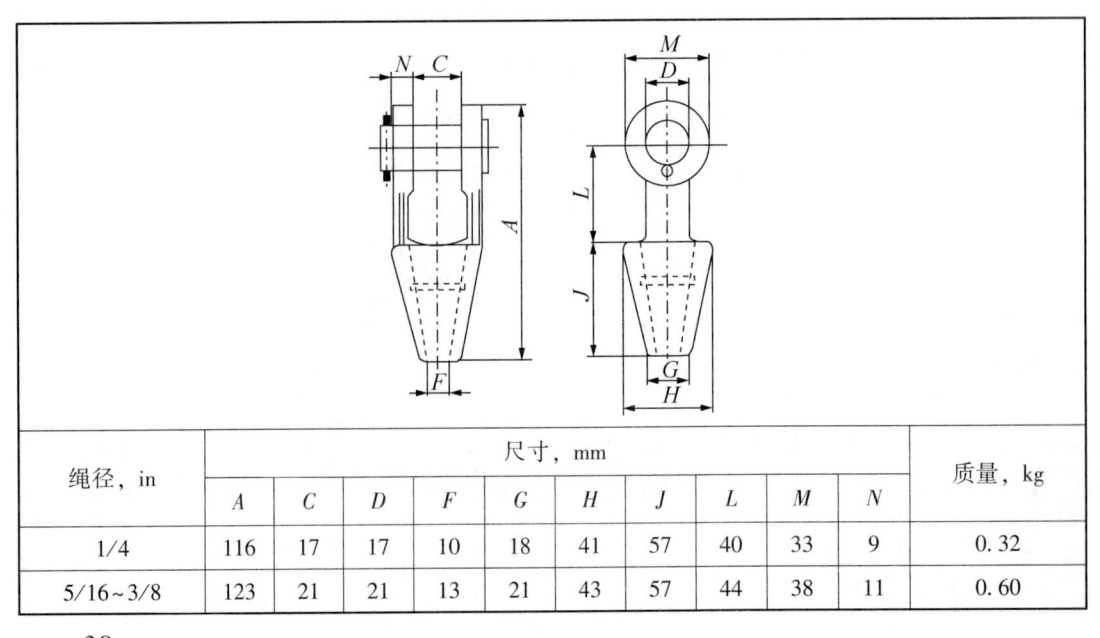

绳径, in	尺寸, mm										质量, kg
	A	C	D	F	G	H	J	L	M	N	
1/4	116	17	17	10	18	41	57	40	33	9	0.32
5/16~3/8	123	21	21	13	21	43	57	44	38	11	0.60

续表

绳径, in	尺寸, mm									质量, kg
	A	C	D	F	G	H	J	L	M	N	
7/16~1/2	142	25	25	15	24	51	64	51	48	13	1.00
9/16~5/8	172	32	30	18	29	60	76	64	57	14	1.80
3/4	202	38	35	21	32	70	89	76	67	16	2.60
7/8	235	44	41	24	38	84	102	89	80	20	4.40
1	269	51	51	29	44	95	114	102	95	22	7.00
1⅛	303	57	57	32	51	107	127	117	105	25	9.80
1¼~1⅜	335	64	64	38	57	122	140	127	121	29	14.10
1½	384	76	70	41	70	136	152	152	137	30	21.40
1⅝	412	76	76	44	76	142	165	165	146	33	25.00
1¾~1⅞	464	89	89	51	80	169	191	178	165	40	37.20
2~2⅛	545	102	95	57	95	194	228	228	178	46	58.50
2¼~2⅜	606	114	108	64	102	222	254	254	197	54	75.80
2½~2⅝	654	127	121	73	114	247	273	173	216	60	114.30
2¾~2⅞	692	133	127	79	124	279	279	279	229	73	142.90
3~3⅛	737	146	133	86	133	298	302	286	241	76	172.40
3¼~3⅜	784	159	140	92	146	317	328	298	254	79	196.90

2.3.5.3 滑轮组

2.3.5.3.1 滑轮

（1）滑轮结构及尺寸见表2.37，滑轮绳槽断面尺寸见表2.38。

表2.37 滑轮结构及尺寸（摘自 SY/T 5288—2000）

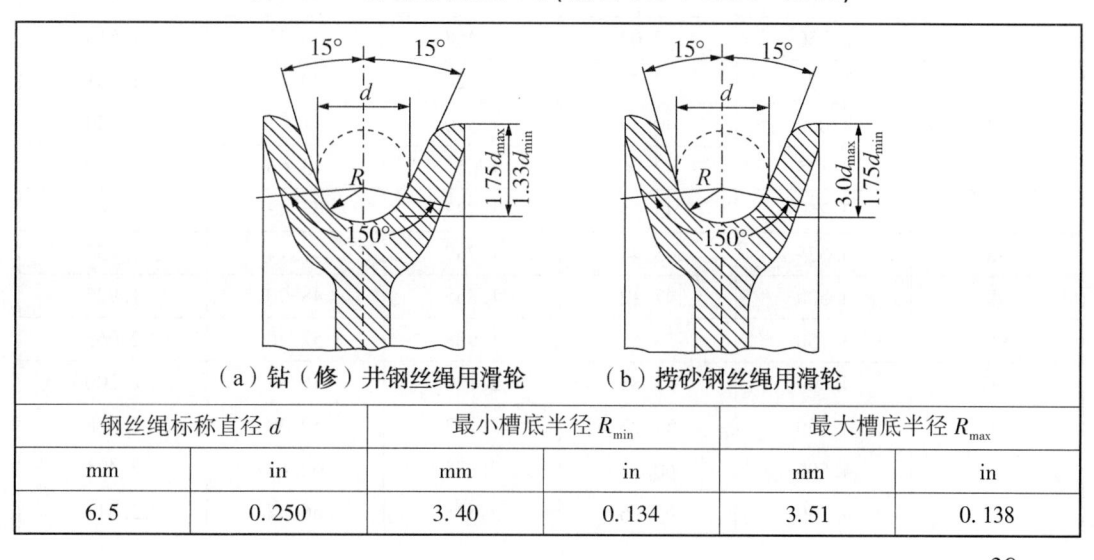

（a）钻（修）井钢丝绳用滑轮　　（b）捞砂钢丝绳用滑轮

钢丝绳标称直径 d		最小槽底半径 R_{min}		最大槽底半径 R_{max}	
mm	in	mm	in	mm	in
6.5	0.250	3.40	0.134	3.51	0.138

续表

钢丝绳标称直径 d		最小槽底半径 R_{min}		最大槽底半径 R_{max}	
mm	in	mm	in	mm	in
8	0.313	4.24	0.167	4.37	0.172
9.5	0.375	5.05	0.199	5.23	0.206
11	0.438	5.89	0.232	6.12	0.241
13	0.500	6.73	0.265	6.99	0.275
14.5	0.563	7.57	0.298	7.85	0.309
16	0.625	8.41	0.331	8.74	0.344
19	0.750	10.11	0.398	10.49	0.413
22	0.875	11.79	0.464	12.22	0.481
26	1.000	13.46	0.530	13.97	0.550
29	1.125	15.14	0.596	15.72	0.619
32	1.250	16.84	0.663	17.48	0.688
35	1.375	18.52	0.729	19.20	0.756
38	1.500	20.19	0.759	20.96	0.825
42	1.625	21.87	0.861	22.71	0.894
45	1.750	23.57	0.928	24.46	0.963
48	1.875	25.25	0.994	26.19	1.031
52	2.000	26.92	1.060	27.94	1.100
54	2.125	28.60	1.126	29.69	1.169
58	2.250	30.30	1.193	31.45	1.238
60	2.375	31.98	1.259	33.17	1.306
64	2.500	33.66	1.325	34.93	1.375
67	2.625	35.33	1.391	36.68	1.444
71	2.750	37.03	1.458	38.43	1.513
74	2.875	38.71	1.524	40.16	1.581
77	3.000	40.39	1.590	41.91	1.650
80	3.125	42.06	1.656	43.66	1.719
83	3.250	43.76	1.723	45.42	1.788
86	3.375	45.44	1.789	47.14	1.856
90	3.500	47.12	1.855	48.90	1.925
96	3.750	50.50	1.988	52.40	2.063
103	4.000	53.85	2.120	55.88	2.200
109	4.250	57.23	2.253	59.39	2.338
115	4.500	60.58	2.385	62.87	2.475
122	4.750	63.96	2.518	66.37	2.613

续表

钢丝绳标称直径 d		最小槽底半径 R_{min}		最大槽底半径 R_{max}	
mm	in	mm	in	mm	in
128	5.000	67.31	2.650	69.85	2.750
135	5.250	70.69	2.783	73.36	2.888
141	5.500	74.04	2.915	76.84	3.025
148	5.750	77.42	3.048	80.34	3.163
158	6.000	80.77	3.180	83.82	3.300

注：对于表中未列的直径等于或大于 9.5mm(0.375in)的钢丝绳，滑轮槽底半径按下式计算：

$$R_{min} = \frac{d}{2}(1+6\%) \ ; \ R_{max} = \frac{d}{2}(1+10\%)$$

注：(1) 滑轮的结构尺寸，推荐表 2.37 和表 2.38。滑轮槽底尺寸应符合表 2.37 的要求，其余尺寸按表 2.38 进行设计。轮毂长与轴套的直径比一般为 1.5～1.8。

(2) 承受载荷不大的小滑轮($D \leqslant 350mm$)一般制成实体滑轮，承受载荷大的滑轮一般铸成带内孔或轮辐的结构，大滑轮一般用钢板和铸造的轮毂、绳槽焊接结构。

表 2.38 滑轮绳槽断面尺寸(摘自 JB/T 9005.1—1999)

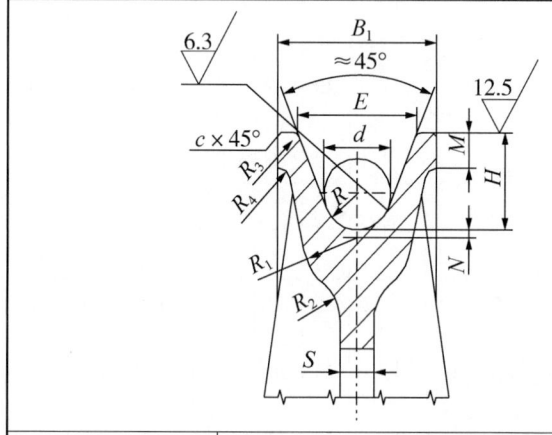

标记示例：

滑轮绳槽半径：$R = 13.5mm$，表面精度为 2 级的绳槽断面，标记为：绳槽断面 13.5-2

钢丝绳直径 d, mm	基本尺寸, mm							参考尺寸, mm					
	R 尺寸	极限偏差 1 级	极限偏差 2 级	H	B_1	E_1	c	R_1	R_2	R_3	R_4	M	N	S
5～6	3.3			12.5	22	15	0.5	7	5	1.5	2.0	4	0	6
>6～7	3.8			15.0	26	17	0.5	8	6	2.0	2.5	5	0	7
>7～8	4.3	+0.10	+0.20			18								
>8～9	5.0			17.5	32	21	1.0	10	8	2.0	2.5	6	0	8
>9～10	5.5					22								

续表

钢丝绳直径 d, mm	基本尺寸, mm							参考尺寸, mm						
	R			H	B_1	E_1	c	R_1	R_2	R_3	R_4	M	N	S
	尺寸	极限偏差											
		1级	2级										
>10~11	6.0	+0.30		20.0	36	25	1.0	12	10	2.5	3.0	8	0	9
>11~12	6.5													
>12~13	7.0			22.5	40	28	1.0	13	11	2.5	3.0	8	0	10
>13~14	7.5			25.0	45	31	1.0	15	12	3.0	4.0	10	0	11
>14~15	8.2													
>15~16	9.0	+0.20	0.40	27.5	50	35	1.5	16	13	3.0	4.0	10	0	12
>16~17	9.5			30.0	53	38	1.5	18	15	3.0	5.0	12	0	12
>17~18	10.0													
>18~19	10.5			32.5	56	10	1.5	18	15	3.0	5.0	12	0	12
>19~20	11.0			35.0	60	44	1.5	20	16	3.0	5.0	14	0	14
>20~21	11.5													
>21~22	12.0				63	45	1.5	20	16	3.0	5.0	14	2.0	14
>22~23	12.5					46								
>23~24	13.0			37.5	67	48	1.5	20	16	4.0	6.0	16	2.5	16
>24~25	13.5			40.0	71	51	1.5	22	18	4.0	6.0	16	3.0	16
>25~26	14.0					52								
>26~28	15.0				75	53	1.5	25	20	4.0	6.0	16	3.0	18
>28~30	16.0			45.0	85	59	2.0	25	20	5.0	6.0	18	4.0	18
>30~32	17.0					61								
>32~34	18.0			50.0	90	66	2.0	28	22	5.0	6.0	18	4.0	20
>34~36	19.0			55.0	100	72	2.5	32	25	5.0	8.0	20	4.0	20
>36~38	20.0					73								
>38~40	21.0	+0.40	+0.80	60.0	105	78	2.5	36	28	5.0	8.0	22	5.0	22
>40~41	22.0					79								
>41~43	23.0			65.0	115	84	2.5	36	28	6.0	8.0	25	5.0	24
>43~45	24.0					86								
>45~46	25.0			67.5	120	90	2.5	40	32	6.0	8.0	25	5.0	24
>46~47				70.0	125	92	3.0	40	32	6.0	8.0	28	6.0	26
>47~48.5	26.0					94								

·42·

2 设计有关规定及常用资料

续表

钢丝绳直径 d, mm	基本尺寸, mm					参考尺寸, mm						
	R			H	B_1	E_1	c	R_1	R_2	R_3	R_4	M	N	S
	尺寸	极限偏差											
		1级	2级										
>48.5~50	27.0	+0.40	+0.80	72.5	130	96	3.0	45	36	6.0	10.0	28	6.0	26
>50~52	28.0			75.0		99								
>52~54.5	29.0			77.5	140	103	4.0	45	36	6.0	10.0	32	6.0	28
>54.5~56	30.0			80.0		106								
>56~58	31.0			82.5	150	110	4.0	50	40	8.0	10.0	32	8.0	30
>58~60.5	32.0			85.0		114								

（2）滑轮的材料：对于浇铸滑轮其材料取为 ZG35CrMo。

2.3.5.3.2 滑轮套(滑轮轴承)

（1）滑轮套结构如图 2.7 所示，其尺寸为：

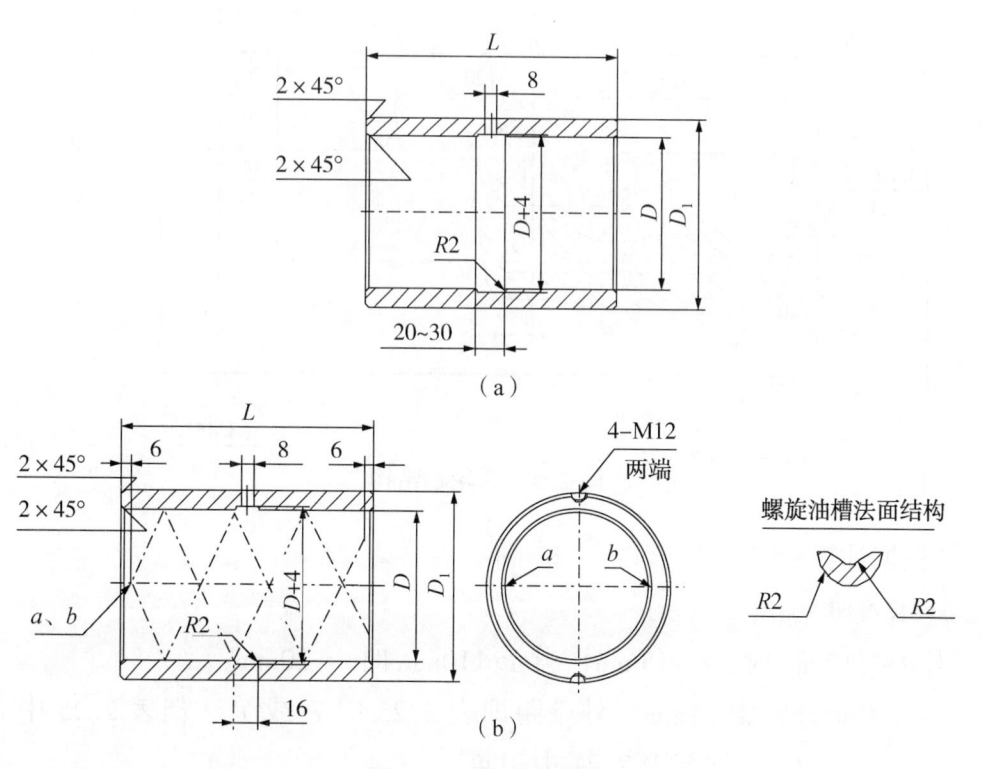

图 2.7 滑轮套结构

注：孔 $\phi 8$ 与滑轮配钻，当油杯设在滑轮上时有此孔，若油杯设在轴上时则无此孔。

· 43 ·

$L = 1.5 \sim 1.8D$

$D \leqslant 100$ $D_1 = D+25$

$100 < D < 200$ $D_1 = D+30$

$D \geqslant 200$ $D_1 = D+35$

(2) 滑轮套的材料和技术要求：

① 材料均取为 $ZQAl_{9-4}$；

② 表面要求硬度 $\geqslant 110HBS$；

③ 对于图2.7(b)所示结构，2条油槽分别从 a 点和 b 点起刀并分别采用左右旋。

2.3.5.3.3 滑轮轴

(1) 滑轮轴结构如图2.8所示。若滑轮上有油孔，则轴上不设油孔。

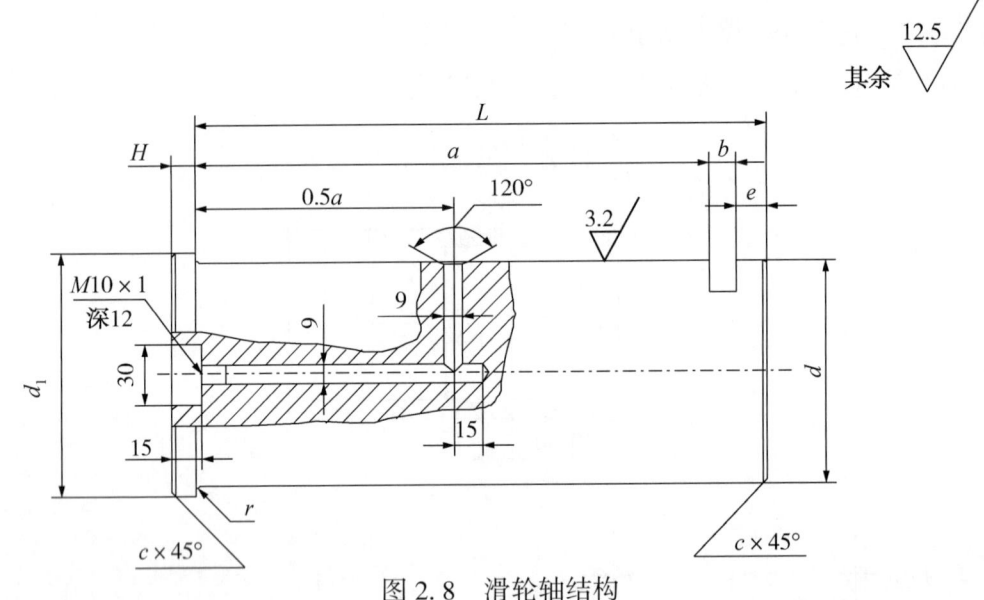

图2.8 滑轮轴结构

d 根据计算确定；

b = 卡板厚+3；

当 $d \leqslant 110mm$ 时，$e = 15mm$，当 $d > 110mm$ 时 $e = 20mm$；

a = 双耳板外壁距-1mm，外壁距即表2.25中 T_4 或 T_6，但表2.25中 b 均须 $\leqslant 3mm$，d_1、H、c 均与表2.21中相同。

(2) 材料和技术要求。

① 材料均取为 35CrMo；

② 调质处理 240~276HBS；

③ 轴外圆表面淬火 45~51HRC，淬厚 3~5mm；

④ 表面磷化处理。

2.3.5.3.4 滑轮组的配合公差

（1）套与轮：$\dfrac{H8}{m7}$；

（2）套与轴：$\dfrac{H9}{d9}$（一般情况），$\dfrac{H11}{d11}$（人字架横梁上的导向滑轮）；

（3）轴与耳座：$\dfrac{C12}{h11}$；

（4）滚动轴承与轴：与滚动轴承内圈配合的轴公差取为 m6；

（5）滚动轴承与轮：与滚动轴承外圈配合的轮公差取为 H7。

2.3.5.3.5 常用滚动轴承的选择

这里的轴承指井架起升系统应用的轴承。轴承可分为滑动轴承和滚动轴承。由于滑动轴承结构简单，成本低，可靠性较高，所以在井架起升系统中被广泛采用。但它效率远低于滚动轴承，当井架起升时，如果井架上端起升大绳的最大拉力为 500kN，则前者最大起升钩载可达 1015kN，起升人字架顶部滑轮所承受的最大合力约为 1046kN，而后者最大起升钩载只有 903kN。前者和后者相比，对井架起升系统的强度、底座的强度配重提出了更高的要求。综上所述，当起升钩载超过 1000kN 时，可考虑采用滚动轴承。目前状况是4000m 及以上钻机所用井架的起升系统基本选用滚动轴承，具体选用可参考表 2.39。

由于井架起升速度很慢，滑轮转速很低，因此选用滚动轴承时以最大静载荷为主，校核疲劳强度。

起升大绳穿绳方法：从井架上端起升大耳开始，经人字架顶部滑轮过井架下段互成 90°角的一对导轮（两边相同）直到大钩。起升大绳在大钩处的夹角按 70°考虑。

2.3.5.3.6 润滑脂的选用

（1）井架、底座起升系统的滑轮润滑脂为：滑动轴承加注 7011 低温极压润滑脂，滚动轴承加注 3 号锂基润滑脂。

（2）非起升系统的滑轮选用锂基润滑脂，其工作温度范围为-20°~120°。

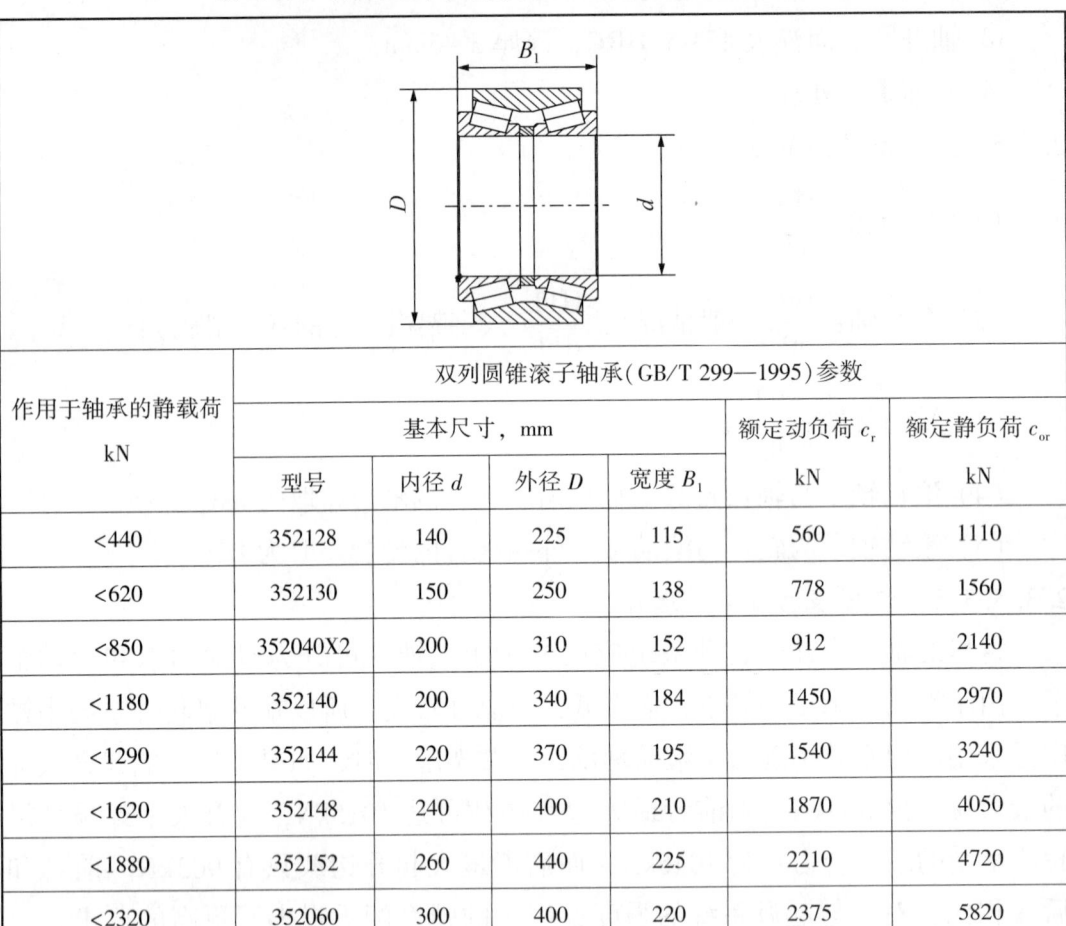

表 2.39 井架起升系统常用双列圆锥滚子轴承数据表

作用于轴承的静载荷 kN	双列圆锥滚子轴承(GB/T 299—1995)参数					
	基本尺寸,mm				额定动负荷 c_r kN	额定静负荷 c_{or} kN
	型号	内径 d	外径 D	宽度 B_1		
<440	352128	140	225	115	560	1110
<620	352130	150	250	138	778	1560
<850	352040X2	200	310	152	912	2140
<1180	352140	200	340	184	1450	2970
<1290	352144	220	370	195	1540	3240
<1620	352148	240	400	210	1870	4050
<1880	352152	260	440	225	2210	4720
<2320	352060	300	400	220	2375	5820

2.3.6 与钻机相关的常用数据

(1) 国产对焊钻杆接头外径详见表 2.40。

表 2.40 钻杆接头外径表

钻杆外径	in	3½	4	4½	5	5½
	mm	89	102	114	127	140
接头外径,mm		121	133	146	165	178

(2) 石油钻机基本参数详见表 2.41。

2.3.7 配套设备

(1) 天车常用数据见表 2.42。

2 设计有关规定及常用资料

表 2.41 石油钻机基本参数（GB/T 23505—2017）

钻机级别		ZJ10/600	ZJ15/900	ZJ20/1350	ZJ30/1800	ZJ40/2250	ZJ50/3150	ZJ70/4500	ZJ80/5850②	ZJ90/6750	ZJ120/9000	ZJ150/11250
最大钩载，kN		600	900	1350	1800	2250	3150	4500	5850	6750	9000	11250
名义钻深范围①，m	114mm钻杆	500~1000	800~1500	1200~2000	1600~3000	2500~4000	3500~5000	4500~7000	5000~8000	6000~9000	7500~12000	10000~15000
	127mm钻杆	500~800	700~1400	1100~1800	1500~2500	2000~3200	2800~4500	4000~6000	4500~7000	5000~8000	7000~10000	8500~12500
绞车额定功率	kW	110~200	260~335	335~510	410~710	746~1120	1100~1492	1492~2240	1600~2610	2200~2985	2985~4475	4475~5965
	hp③	150~270	350~450	450~680	550~950	1000~1500	1475~2000	2000~3000	2150~3500	2950~4000	4000~6000	6000~8000
游动系统	钻井绳数	6	8	8	8	8	10	10	12	14	14	16
	最多绳数	6	8	8	10	10	12	12	14	16	16	18
钻井钢丝绳	工称直径④ mm	19, 22	22, 26	26, 29	29, 32	29, 32	32, 35	35, 38	38, 42	42, 45	48, 52	
	in	3/4, 7/8	7/8, 1	1, 1$\frac{1}{8}$	1$\frac{1}{8}$	1$\frac{1}{8}$, 1$\frac{1}{4}$	1$\frac{1}{4}$, 1$\frac{3}{8}$	1$\frac{3}{8}$, 1$\frac{1}{2}$	1$\frac{1}{2}$, 1$\frac{5}{8}$	1$\frac{5}{8}$, 1$\frac{3}{4}$	1$\frac{7}{8}$, 2	
钻井泵单台额定	kW	373	597	746	969	1193	1641					
输入功率不小于	hp	500	800	1100	1300	1600	2200					
转盘通孔直径	mm	381, 444.5	444.5	444.5, 520.7, 698.5	520.7, 698.5	698.5	698.5, 952.5	952.5, 1257.3, 1536.7	1257.3, 1536.7			
	in	15, 17.5	17.5	17.5, 20.5, 27.5	20.5, 27.5	27.5	27.5, 37.5	37.5	37.5, 49.5, 60.5	49.5, 60.5		
钻台高度	m	3, 4	4, 5	5, 6, 7.5	5, 6, 7.5	7.5, 9, 10.5	7.5, 9, 10.5	10.5, 12	10.5, 12	12, 16		

① 114mm钻杆组成的钻柱的名义平均质量为30kg/m，127mm钻杆组成的钻柱的名义平均质量为36kg/m。以114mm钻杆范围上限作为钻机型号的表示依据。
② ZJ80/5850级别为非优先选用级别。
③ 1kW=1.341hp。
④ 选用英制直径时钢丝绳相关设备应符合英制钢丝绳要求。

· 47 ·

钻井和修井井架、底座、天车设计

表 2.42 天车常用数据

天车型号	最大钩载,kN	滑轮外径,mm	滑轮数	质量,kg
TC-60	600	600	5	1330
TC-90	900	810	5	2000
TC-135	1350	915	5	2800
TC-170	1700	915	6	3700
TC-225	2250	1120	6	4790
TC-315	3150	1270	7	6284
TC-450	4500	1524	7	8770
TC-580	5800	1524	8	10000

注：质量仅供井架起升初算参考。

（2）游车大钩有关数据见表 2.43。

表 2.43 游车大钩有关数据

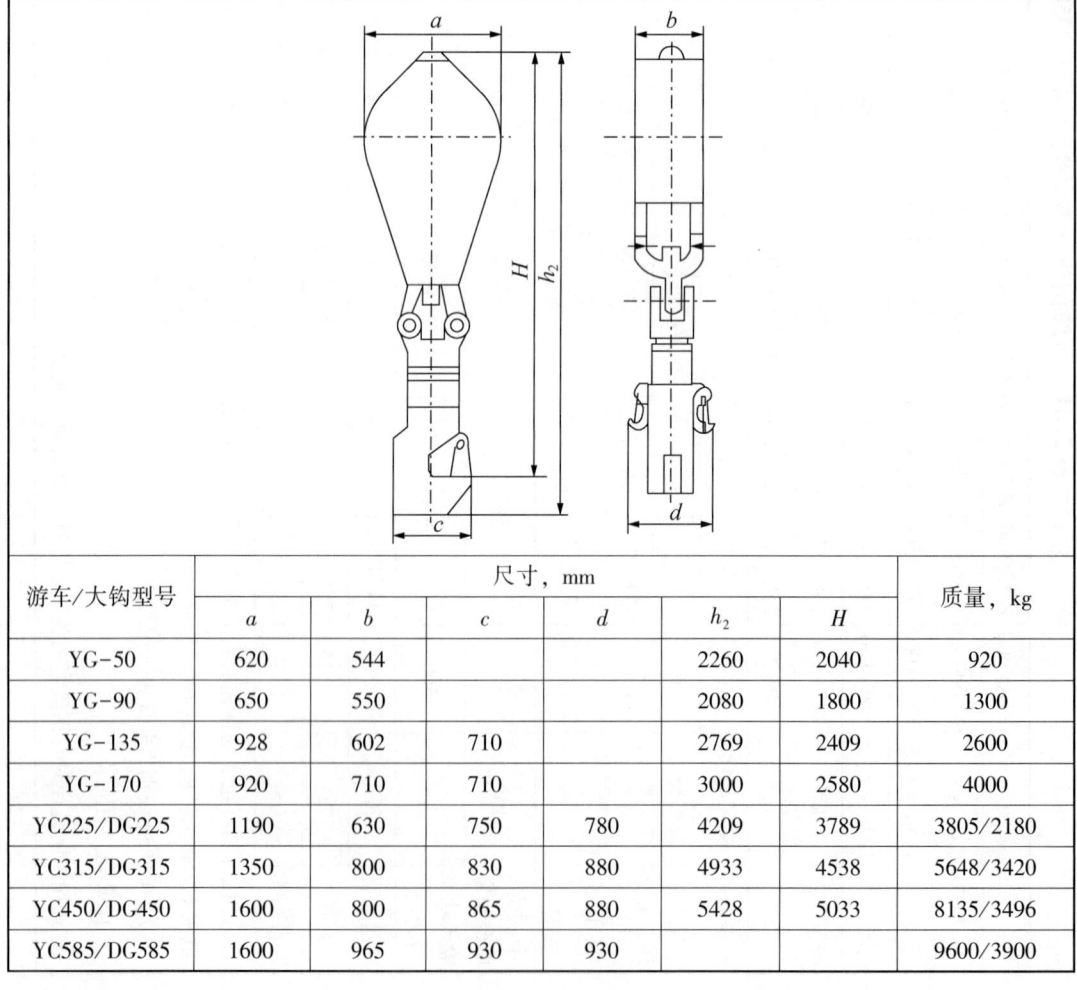

游车/大钩型号	尺寸,mm						质量,kg
	a	b	c	d	h_2	H	
YG-50	620	544			2260	2040	920
YG-90	650	550			2080	1800	1300
YG-135	928	602	710		2769	2409	2600
YG-170	920	710	710		3000	2580	4000
YC225/DG225	1190	630	750	780	4209	3789	3805/2180
YC315/DG315	1350	800	830	880	4933	4538	5648/3420
YC450/DG450	1600	800	865	880	5428	5033	8135/3496
YC585/DG585	1600	965	930	930			9600/3900

2 设计有关规定及常用资料

(3) 顶部驱动钻井系统有关数据见表 2.44。

表 2.44 顶部驱动钻井系统有关数据

顶驱型号	最大钩载，kN	工作高度，mm	俯视外形尺寸，mm 长	俯视外形尺寸，mm 宽	导轨中心至井口中心距离，mm	质量，kg
IDS-1	4500	6900				
TDS-4S	5850(6750)	6300				
TDS-4H	5850(6750)	7900				
TDS-6S	6750	7000				
TDS-8SA	6750	6300				
TDS-9SA	3600	5400	1538	1435	762	
TDS-10SA	2250	4700	1219	1118	546	
TDS-11SA	4500	5400	1538	1435	762	10886

(4) 水龙头有关数据见表 2.45。

表 2.45 水龙头有关数据

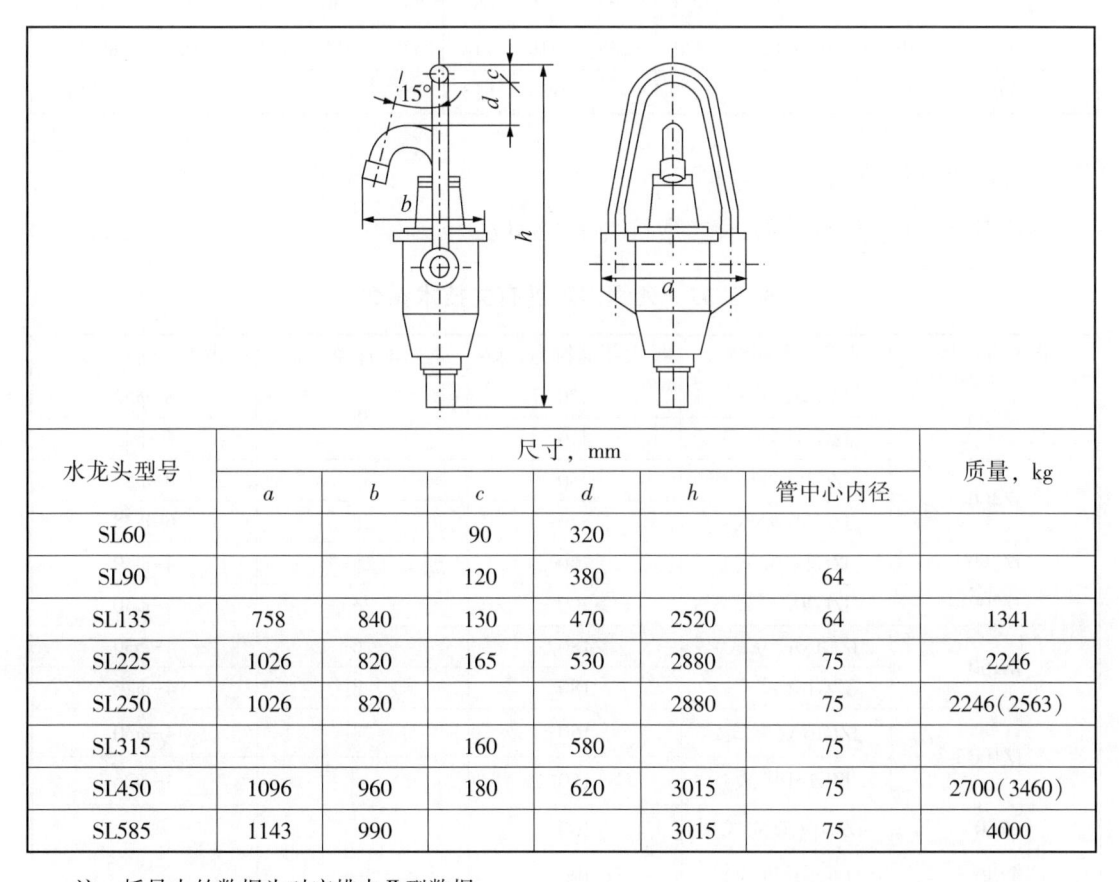

水龙头型号	尺寸，mm a	b	c	d	h	管中心内径	质量，kg
SL60			90	320			
SL90			120	380		64	
SL135	758	840	130	470	2520	64	1341
SL225	1026	820	165	530	2880	75	2246
SL250	1026	820			2880	75	2246(2563)
SL315			160	580		75	
SL450	1096	960	180	620	3015	75	2700(3460)
SL585	1143	990			3015	75	4000

注：括号内的数据为对应排中Ⅱ型数据。

(5) 转盘有关数据见表2.46。

表 2.46 转盘有关数据

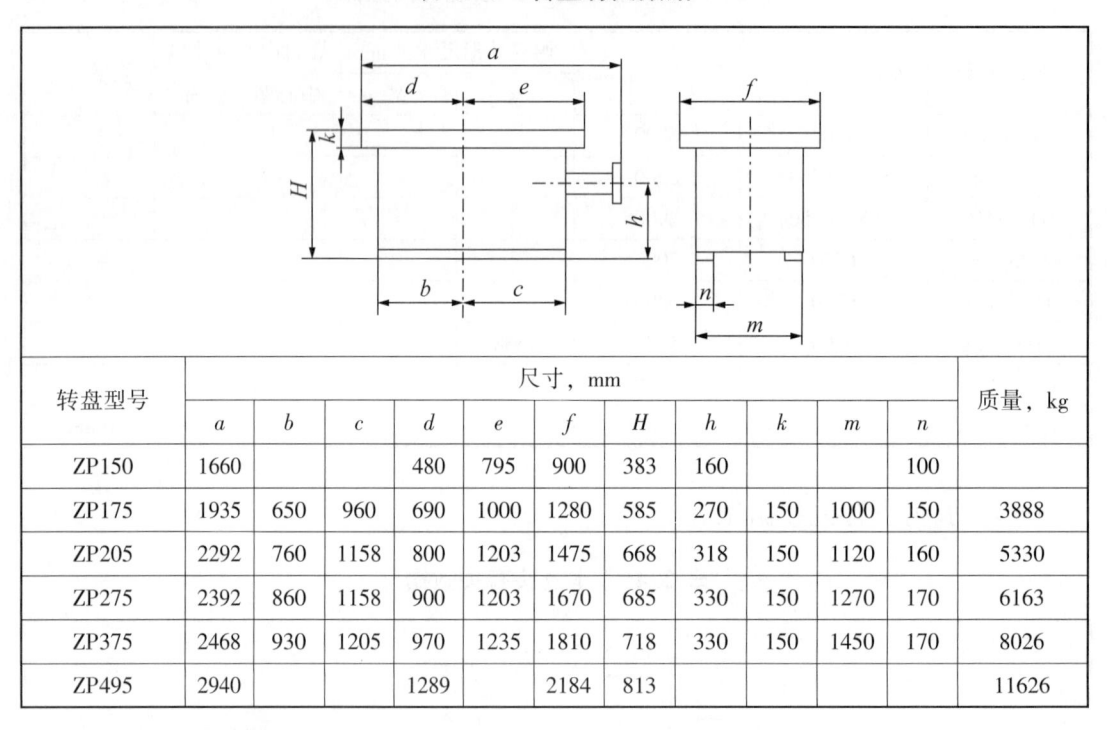

转盘型号	尺寸，mm											质量，kg
	a	b	c	d	e	f	H	h	k	m	n	
ZP150	1660			480	795	900	383	160			100	
ZP175	1935	650	960	690	1000	1280	585	270	150	1000	150	3888
ZP205	2292	760	1158	800	1203	1475	668	318	150	1120	160	5330
ZP275	2392	860	1158	900	1203	1670	685	330	150	1270	170	6163
ZP375	2468	930	1205	970	1235	1810	718	330	150	1450	170	8026
ZP495	2940			1289		2184	813					11626

(6) 死绳固定器有关数据。

① 死绳固定器有关技术参数详见表2.47。

表 2.47 死绳固定器有关技术参数

指重表型号	死绳固定器型号	最大死绳拉力，kN	钢丝绳直径，mm	孔数(径)，mm
JZ500	JZG42(立式)	420	38	8-ϕ52
	JZG41(卧式)	410		6-ϕ45
JZ400	JZG35(立式)	350	32	8-ϕ52
	JZG34(卧式)	340	28	6-ϕ38
JZ250	JZG24(立式)	240	28	4-ϕ40
JZ200	JZG20(立式)	200	26	4-ϕ30
JZ150	JZG18A(立式)	180	26	4-ϕ30
	JZG18(卧式)	180	28	4-ϕ26
JZ100	JZG15A(立式)	150	28	4-ϕ30
	JZG15(卧式)	150		4-ϕ26
JZ60	JZG10(直立式)	100		
JZ40	JZG10(卧式)	100	26	

② 立式死绳固定器外形尺寸及连接尺寸详见表 2.48。

表 2.48 立式死绳固定器外形尺寸及连接尺寸

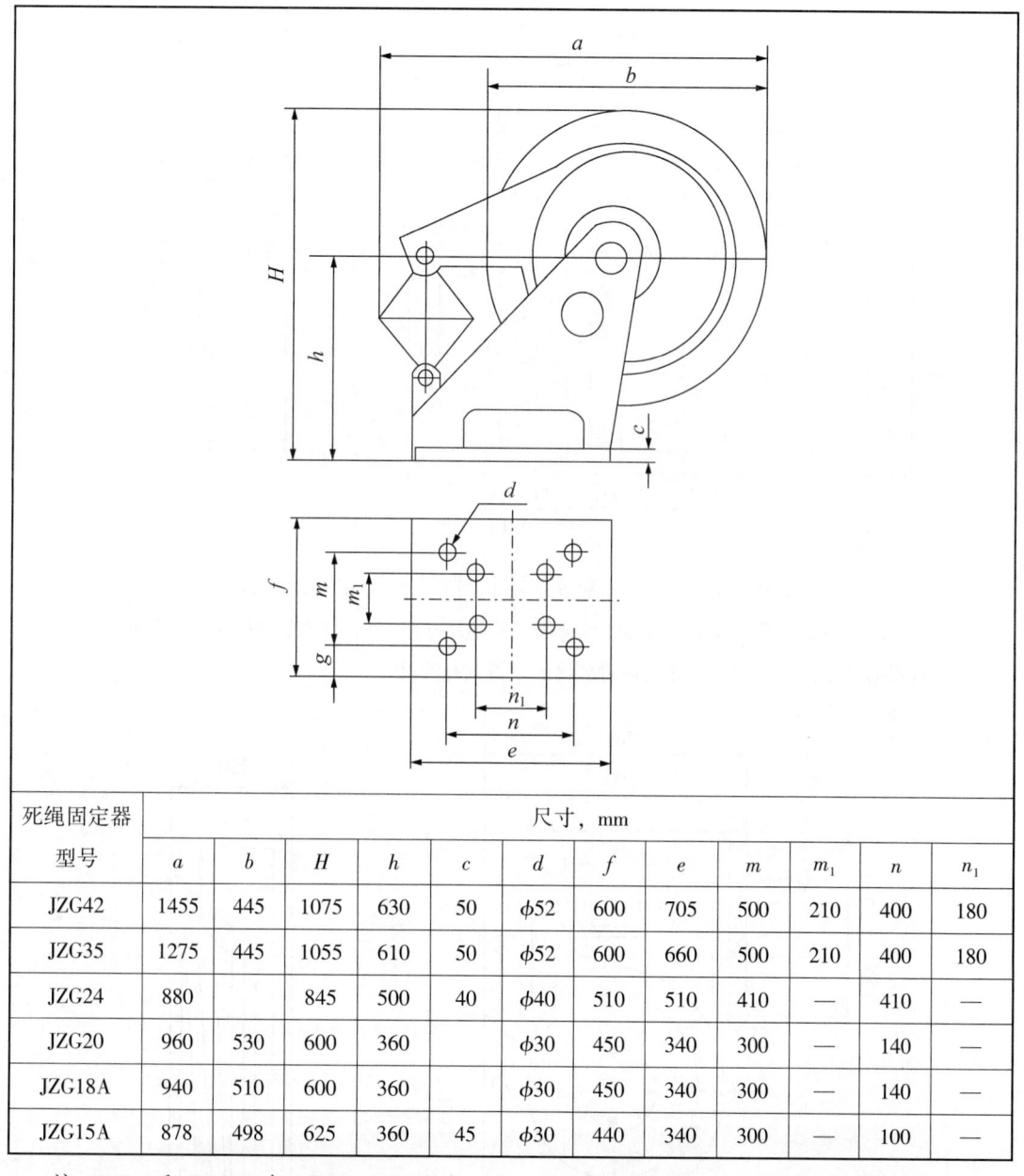

死绳固定器型号	尺寸，mm											
	a	b	H	h	c	d	f	e	m	m_1	n	n_1
JZG42	1455	445	1075	630	50	ϕ52	600	705	500	210	400	180
JZG35	1275	445	1055	610	50	ϕ52	600	660	500	210	400	180
JZG24	880		845	500	40	ϕ40	510	510	410	—	410	—
JZG20	960	530	600	360		ϕ30	450	340	300	—	140	—
JZG18A	940	510	600	360		ϕ30	450	340	300	—	140	—
JZG15A	878	498	625	360	45	ϕ30	440	340	300	—	100	—

注：JZG20 和 JZG18A 中 $g=40$；JZG15A 中 $g=42$，其余死绳固定器 m 尺寸均与中心线跨中对称。

③ 卧式死绳固定器外形尺寸及连接尺寸：

JZG41、JZG34 死绳固定器外形尺寸及连接尺寸详见图 2.9。

JZG18、JZG15 死绳固定器外形及连接尺寸详见图 2.10。

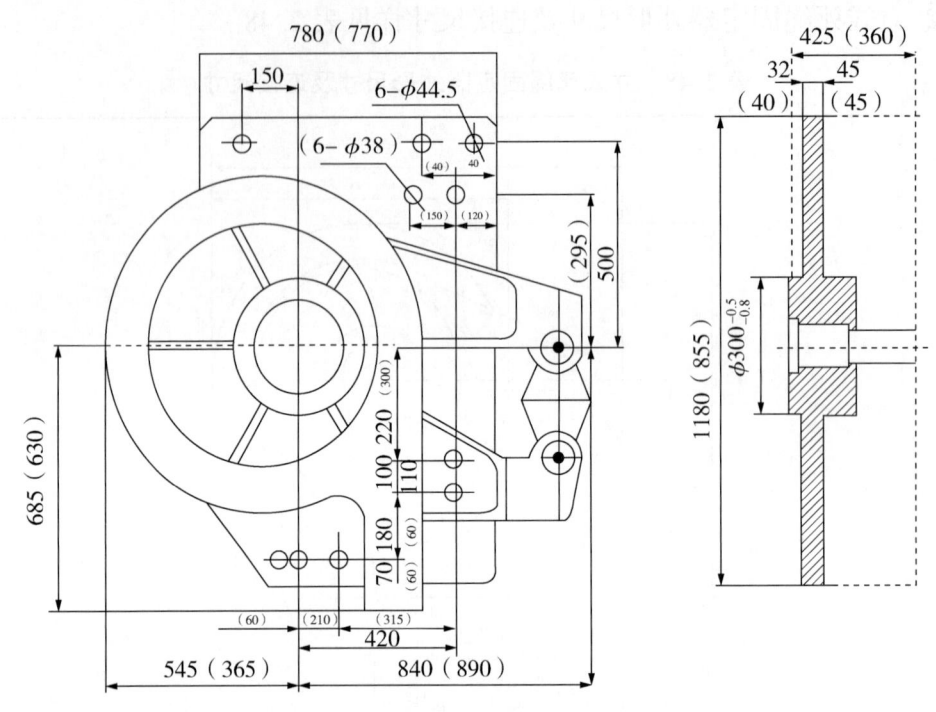

图 2.9 JZG41、JZG34 死绳固定器外形尺寸及连接尺寸

注：图中不带括号的数字为JZG41死绳固定器的尺寸，带括号的数字为JZG34死绳固定器的尺寸，带"﹡"的数字为两种死绳固定器共有的尺寸。

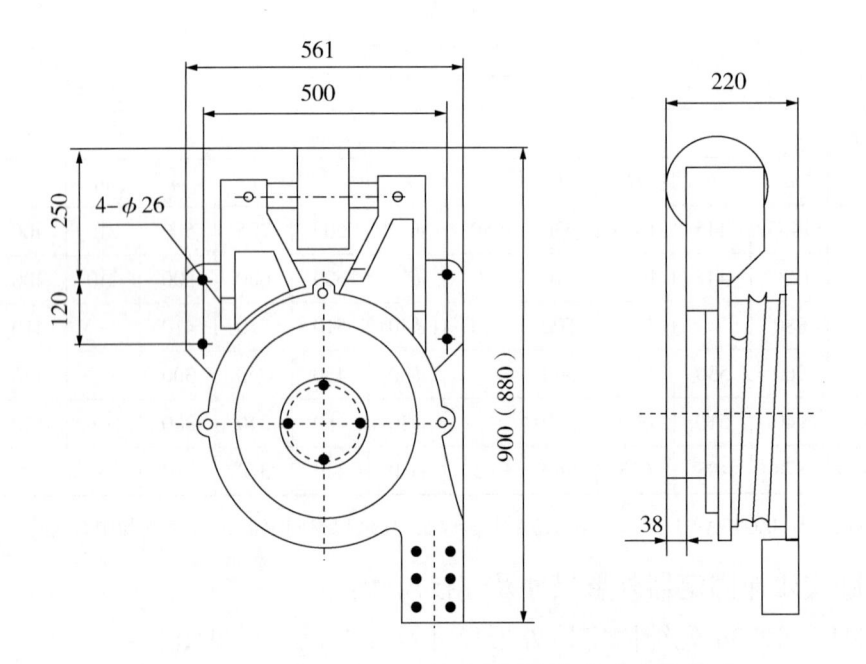

图 2.10 JZG18、JZG15 死绳固定器外形及连接尺寸

注：图中带括号的数字为JZG15死绳固定器的尺寸，其余均为两种死绳固定器共有的尺寸。

2 设计有关规定及常用资料

（7）司钻房和司钻控制室尺寸详见表2.49。

表2.49 司钻房和司钻控制室尺寸

项目	尺寸，mm		
	长	宽	高
司钻房	7000	2500	2600
司钻控制室	约3000	约2200	约2400

注：司钻操作室长度3000mm为房子外廓尺寸，其总长还应再加长至门打开后的门宽尺寸。

（8）ZQ100钻杆动力钳安装尺寸见图2.11。

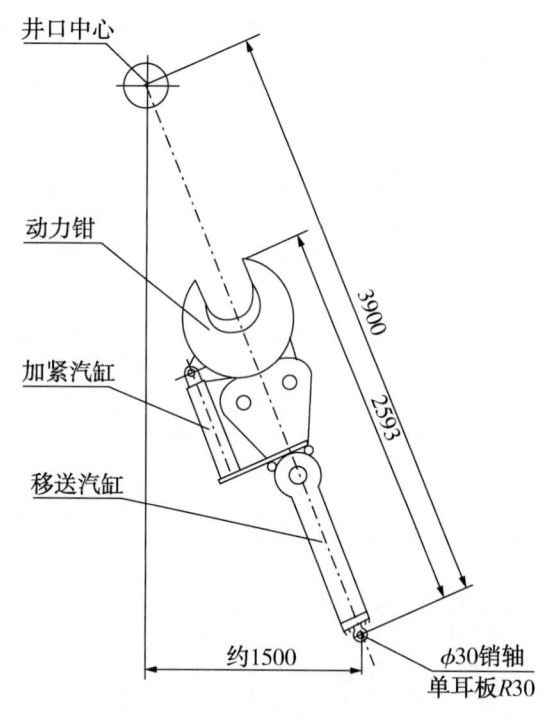

图2.11 ZQ100钻杆动力钳

技术参数为：

① 钻杆动力钳：

最大扭矩　　　　100000N·m

长×宽×高　　　1700×1000×1400（mm）

自重　　　　　　2400kg

② 油箱：

长×宽×高　　　1720×1060×1010（mm）

自重　　　　　　1600kg

(9)旋转液压猫头有关数据见表 2.50。

表 2.50 旋转液压猫头有关数据

型号	额定拉力，kN	外形尺寸(长×宽×高)，mm	安装尺寸，mm×mm	安装螺栓	质量，kg
YM10	100	608×485×525	182×308$_\perp$	4-M24	392

注：(1) 安装尺寸中心在滚筒中心。

(2) 角标⊥表示该尺寸与滚筒轴垂直。

3 井架设计

3.1 井架技术参数确定

反映设备工作性能的数量指标叫该设备的技术参数。

3.1.1 井架技术参数的来源

技术参数来源有两条：(1)用户要求；(2)API Spec 4F(第4版2013)有关规定。

3.1.2 技术参数的内容

(1) 最大钩载($n_1 \times n_2$ 轮系，风速≤16.5m/s 或≤12.7m/s)(单位 kN)。

注：① n_1 为天车轮数，n_2 为游车轮数；

② 12.7m/s 风速为有绷绳井架的风速。

③ 加速度、冲击、排放立根及风载将降低最大钩载。

(2) 井架工作高度(由钻台面至天车梁下面)(单位 m)。

(3) 顶部尺寸(正面×侧面)(单位 m)。

(4) 底部开档(正面×侧面)(单位 m)。

(5) 二层台安装高度(单位 m)。

(6) 立根容量：

5in 钻杆，19m 或 28m 立根容量。

4½in 钻杆，19m 或 28m 立根容量。

(7) 井架抗风能力：

① 陆地井架。

工作和起升：≤12.7m/s(有绷绳桅形井架)

≤16.5m/s(无绷绳桅形井架、塔形井架)

非预期： （满立根）≤30.7m/s

预期： （无立根）≤38.6m/s

② 海洋井架。

工作和起升：≤21.6m/s

≤24.7m/s(塔形井架)

非预期： （满立根）≤36m/s

预期： （无立根）≤47.8m/s

（8）配套天车。

（9）配套死绳固定器(如果有)。

（10）设计和制造所遵循的规范为 API Spec 4F 第4版。

3.1.3 技术参数说明

（1）最大钩载Q_{max}：

① 定义：游动设备重量和游动设备上施加的静载荷组成的载荷。

② 条件：在规定的游车穿绳数和没有立根排放或风载的情况下，该载荷是结构可以施加的最大载荷。假设死绳猫和绞车在指定位置。

③ 最大钩载确定：

如何确定Q_{max}大小？按 API 标准，取Q_{max}等于最重套管柱断裂载荷的80%，即

$$Q_{max} = 0.8 Q_{断}$$

$$Q_{断} = n Q_{套}$$

$$Q_{套} = q_{套} L_{套}$$

式中 $Q_{断}$——井口处套管接箍的滑扣载荷；

n——滑扣安全系数($n=1.6\sim2.0$，计算时取 $n=1.6$)；

$Q_{套}$——套管柱在空气中的重量；

$q_{套}$——每米套管柱重量，kg/m；

$L_{套}$——下入井中套管长度，m。

所以 $Q_{max} = 0.8 \times 1.6 q_{套} L_{套} = 1.28 q_{套} L_{套}$

或 $Q_{max} = 1.28 q_{套} L$（油层套管下到全井深）

制定标准系列时，按井身结构逐级计算，并适当化整。

注：最大钩载取套管最大重量和套管滑扣载荷之间的值。

3 井架设计

④ 大钩载荷：大钩载荷的大小由指重表所指示，在任何情况下（包括加速、减速、冲击等情况），指重表的读数均应在铭牌标明的最大钩载范围内。

注：井架最大承载能力：天车及井架上的悬挂物组装齐全时，并大钩达到最大钩载时，井架下底平面各大腿（或立柱）支反力的总和（但方向相反）为井架最大承载能力。

（2）井架工作高度：即井架的有效高度，是指钻台面到天车梁底面的垂直高度。

注：井架高度：

① 塔形井架的高度是指井架大腿底板底面到天车梁底面的垂直高度。

② 不带绷绳的桅形井架的高度是指井架下底支脚销孔中心到天车梁底面的垂直高度。

③ 带绷绳的桅形井架的高度是指橇座或车轮与地面接触点到天车梁底面的垂直高度。

（3）顶部尺寸：井架的顶部尺寸是指井架上顶面相邻大腿或立柱轴线间的水平距离。

（4）底部开档：也称为底部尺寸，是指井架下面相邻大腿或立柱轴线间的水平距离。

（5）二层台安装高度：指由钻台面到二层台台面的垂直高度。

（6）立根容量：二层台立根容量是指二层台（安装在最小高度上）所能存放的钻杆、油管的数量（一般按长度计）。

（7）抗风能力：3.1.2 节中列出的各工况风速，是根据 API Spec 4F 第 4 版第 8 章表 5 中选取的。

3.2 井架方案设计

方案设计是设计正确与否的根本，为了确定最佳设计方案，须进行一定的研究和优选工作。

3.2.1 完善和完整技术参数

在合同的技术协议中一般都已确定了 3.1.2 中的技术参数，如有不完善的须补充完善，但以下内容还须认真考虑：

3.2.1.1 井架工作高度的计算(如必要)

如图 3.1 所示,井架工作高度为 H,井架工作高度计算公式为:
$$H = H_1 + H_2 + H_3 + H_4 + H_5 + H_6 + H_7$$

式中 H_1——转盘高出钻台面的高度;

         H_2——吊卡或卡瓦的高度;

         H_3——钻杆内螺纹接头高度;

         H_4——立根起过头的高度;

         H_5——立根长度,取 28m;

         H_6——游吊系统高度;

         H_7——安全余量高度。

$H_1 \sim H_7$ 数据见表 3.1。

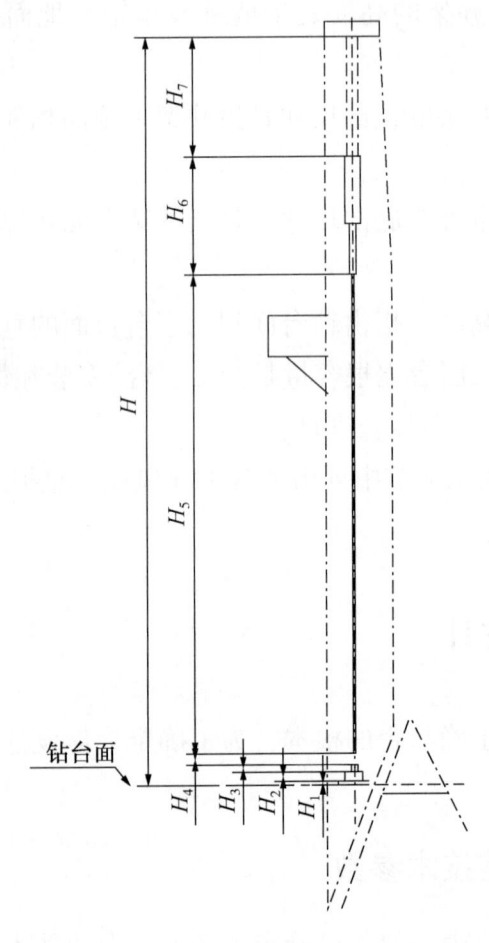

图 3.1 井架工作高度计算示意图

3 井架设计

表 3.1 井架工作高度计算表

钻机级别 100m/kN	最大钩载 t	H_1 m	H_2 m	H_3 m	H_4 m	H_5 m	游吊系统高度确定 游车大钩高度, m	吊环高度, m	H_6 m	安全余留高度 H_7 m	井架理论工作高度 m	井架工作高度, m
15/900	90	0.2	0.3	0.3	0.3	28	2	1.5	3.5	5	37.6	38
20/1350	135	0.2	0.3	0.3	0.3	28	2.8	1.5	4.3	6.5	39.8	40
30/1700	170	0.2	0.3	0.4	0.5	28	3.0	1.8	4.8	6.8	41	41
40/2250	225	0.2	0.4	0.4	0.5	28	3.2	2.1	5.3	7	41.8	42
50/3150	315	0.2	0.4	0.4	0.5	28	4.0	2.4	6.4	7	42.9	43.3
70/4500	450	0.2	0.4	0.4	0.5	28	4.4	2.6	7.0	8	44.5	45
80/5850	600	0.2	0.4	0.4	0.5	28	5.4	3.0	8.4	8	45.9	46

注：① 表中游车大钩尺寸参考美国 National 公司产品尺寸；吊环参考美国 BJ 公司产品尺寸。
② 对安装顶部驱动钻井系统的井架还应考虑该装置增加的附加高度，注意同时减去大钩的高度。
③ 对海洋动态井架，由于安装有升沉补偿器，还应考虑由该安装增加的附加高度。

3.2.1.2 井架顶部、底部尺寸的确定

从节约材料，减轻重量以及便于安装移运方面考虑，此尺寸应尽量小，从钻井作业方便和安全考虑此尺寸应足够大。上顶尺寸应根据天车的外形尺寸、游车的外形尺寸、顶部驱动钻井系统的外形尺寸来确定，保证它们安装方便，运行到位。下底尺寸则应根据绞车等钻台上的钻井设备及工具的布置、操作和维修以及存放钻具所需钻台面积的大小来确定。上顶、下底的尺寸是相互联系的，其尺寸的合理配合不仅影响到井架的作业性能，而且关系到井架整体的稳定性和经济性，因此在确定它们时必须联系起来统一考虑。一般井架(不包括海洋动态井架)的顶部、底部尺寸可参考表 3.2。

表 3.2 井架顶部及底部尺寸

钻机级别 100m/kN	顶部尺寸, m (正面×侧面)	底部尺寸, m (正面×侧面)	钻机级别 100m/kN	顶部尺寸, m (正面×侧面)	底部尺寸, m (正面×侧面)
10/600	1.4×1.6	6	40/2250	2×2	7.5~8.5
15/900	1.4×1.6	6.3	50/3150	2.2×2.2	8.5~9
20/1350	1.6×1.6	6.5	70/4500	2.3×2.5	9
30/1700	1.6×1.8	6.5~7.5	80/5850	2.4×2.6	10

注：30/1700~50/3150 级别钻机下底尺寸中，下限为正常情况，上限尺寸为配链条并车驱动钻机时的尺寸。

3.2.1.3 井架有效空间的设计

井架有效空间系指井架内部的工作空间,井架的有效高度及顶部尺寸、底部尺寸确定后,井架有效空间尺寸大体上已确定下来,但需进一步确定比较详细的内部结构空间。

(1)游动系统运行所需的空间:

① 套管扶正台:该尺寸可参考二层台的操作台进行设计,即套管距井口中心最近的距离应与二层台操作台端部距井口尺寸相同,具体参考表3.3。

② 背横梁及其他构件距井口中心最近距离,参考表3.3。

表3.3 游动系统离构件最近距离

钻机级别,100m/kN	游动系统离构件最近距离,mm	钻机级别,100m/kN	游动系统离构件最近距离,mm
10/600	>500	40/2250	>500
15/900	>500	50/3150	>550
20/1350	>500	70/4500	>550
30/1700	>500	80/5850	>550

注:① 防碰装置以上可取为200~300mm。
② 背横梁在考虑表3.3的前提下,还应考虑快绳与后边缘的尺寸,如果该尺寸≤250mm,须设快绳挡辊,以防快绳直接碰击背横梁。
③ 如果有必要(如用户要求)背横梁内翼板须设防挂圆弧板。
④ 游动系统最大尺寸按游动滑车对角线尺寸设计。
⑤ 表3.3也适用顶部驱动构件,对于软管可取为200~300mm。

(2)钢丝绳布置:井架中的钢丝绳包括辅助滑轮钢丝绳、捞沙滚筒钢丝绳、悬吊扒杆钢丝绳和大钳(含液压大钳)悬吊钢丝绳等。这些钢丝绳在井架内的布置均不得互相干涉,与井架的构件也不得干涉。

(3)水龙带不得与死绳及其他构件干涉,须留200~300mm的距离。

3.2.2 结构设计

根据3.2.1中的设计,绘出井架主体结构图的过程叫结构设计。

3.2.2.1 结构设计的要求

必须从实际出发,在最大限度满足使用要求的前提下,力求做到结构简单、安全适用、经济合理、技术先进、便于制造和装运。要求做到:

(1)根据运输条件(铁路、公路的有关规定;运输车辆、吊装设备等)确定其允许的最大外形尺寸和重量。

（2）应有较大的整体刚度和局部刚度。

（3）在任何工况下必须是几何稳定结构，否则应针对某种工况采取临时加固措施。

（4）明确接口尺寸。

3.2.2.2 桁杆设计

（1）桁杆的长短：主要取决于井架立柱(或大腿)的长细比和所承受的压力，另外也要考虑到二层台的连接及其他主要受力部位，如起升大绳连接处、起升导轮连接处、大支脚连接等主要受力部位的强度。长细比不应超过表3.4的规定。

表 3.4 井架桁杆的长细比

柱的名称	受压柱	受拉柱
井架中主弦杆	120	150
井架中其余杆	150	200
底座中立柱及其他支撑柱	120~150	150~200

（2）平面桁架的结构形式：组成井架的平面桁架一般属于轻型桁架，其各杆相交的节点通常不用(或只用一块)连接板连接。其结构形式的区分主要表现在桁架的外形及其腹杆布置形式(腹杆体等)，平面桁架的结构形式(常用的)有九种，如图3.2所示，它们的结构形式比较参考表3.5。

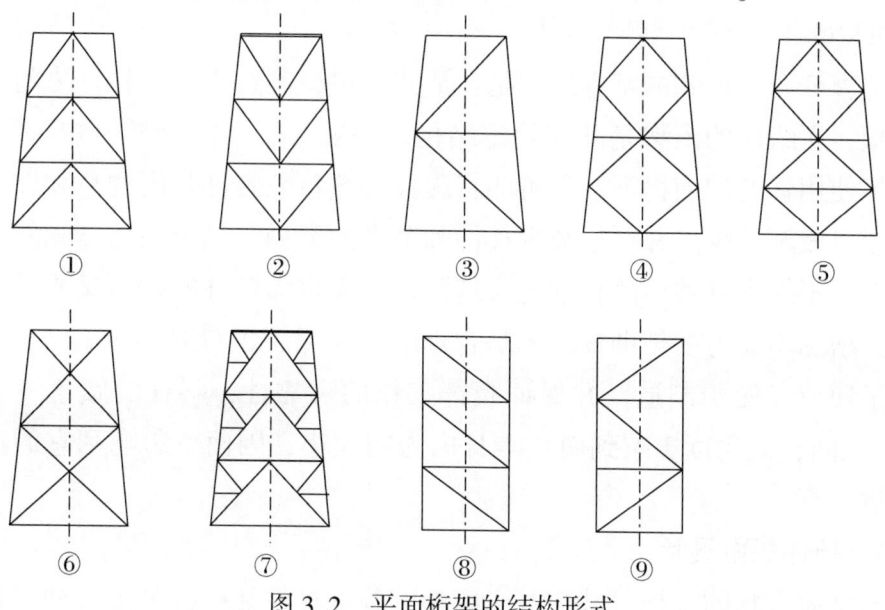

图 3.2 平面桁架的结构形式

表 3.5 常用平面桁架结构形式比较

序号	斜杆形式名称	优 点	缺 点	用于部位
①	人字形	减少了节点间的长度和斜杆长度，刚性较大	结构较复杂	塔形井架、大型不带绷绳的桅形井架背部
②	倒人字形	减少了节点间的长度，较大的减少了斜杆长度，刚性较好	结构较复杂	塔形井架、大型不带绷绳的桅形井架背部
③	梯形双斜式	结构简单	杆件长细比大	塔形井架、中小型不带绷绳的桅形井架
④	菱形	减少了节点间的长度，结构简单		塔形井架、大型不带绷绳的桅形井架背部
⑤	菱形带横杆	减少了节点间的长度，刚性较好	结构较复杂	塔形井架、大型不带绷绳的桅形井架背部
⑥	交叉形	减少了节点间的长度和斜杆长度，刚性较好	结构较复杂	塔形井架、大型不带绷绳的桅形井架背部
⑦	人字形带辅助杆	承载能力大、稳定性好，刚性好，长细比小	结构较复杂，制造安装工作量大	塔形井架、大型不带绷绳的桅形井架背部
⑧	单斜杆	结构简单，受力合理	节点距离短	不带绷绳的桅形井架侧面、桅形井架(A形井架)
⑨	矩形双斜杆	结构简单，受力合理	节点距离短	不带绷绳的桅形井架侧面、桅形井架(A形井架)

注：API Spec 4F 第 4 版中未提到 A 形井架，本书仅作参考。

确定腹杆布置形式的基本原则是：形式简单，制造方便，杆件之间的内力分布合理，所组成的桁架是几何稳定结构。一般为了节约钢材，并简化制造，应在满足使用强度的前提下，尽可能将腹杆的数目、腹杆长度的总和以及中间节点的数目减至最少，并尽量减少杆件和节点的类型。只有当弦杆和斜杆的长细比较大，不能和其整体的长细比合理配合，而增大杆件的截面又要耗费更多材料时，增加不受力的辅助杆件才是合理的。如图 3.2-⑦所示。

为了使节点便于制造，并保证腹杆工作的可靠性，斜杆的倾角一般宜在 30°~60°之间，此角度影响到斜杆本身内力的大小，因而也影响到它的截面尺寸和重量。

3.2.2.3 杆件截面设计

（1）截面形状的选择：井架及底座中的各种杆件往往都是由各种型材制成

的单一断面或复合断面的实体杆,常用的截面形式如下:

① 角钢式:可分为单角钢和双角钢(十字形)两种,前者用于一般杆件结构的 A 形井架。单角钢式的断面不对称,各向稳定性不相等,承载有偏心。为了克服这些缺点而出现了双角钢式(如 TJ-41 型井架),但它制造较复杂。考虑到在重量相同的情况下,薄翼缘角钢的稳定性较好,所以一般都尽量选用这种角钢(甚至有时宁愿增大其型号)。

② 槽钢式:分为单槽钢和双槽钢两种,前者常用宽度加大的特制槽钢;而后者可用普通标准槽钢拼成方形或矩形断面,其稳定性较好,但制造则较复杂。

③ 钢管式:钢管的断面具有几何形状对称、各向稳定性相等的特点,而且在断面积相同的条件下,其惯性半径最大、外表面最小。因此,采用钢管作杆件的结构,其节间长度可增大。圆形断面还具有良好的空气动力性能,产生的风阻也小,因而其材料利用更加合理。由于钢管本身所具有的上述特点,其防腐能力也较好(受腐蚀的外表面小,圆柱形表面也便于涂防锈漆)。此外,用钢管做杆件还允许采用很小的壁厚(最小可达其直径的 1/100,而型材的最小壁厚不能小于其宽度的 1/20)。但为了使杆件在安装运输时不容易产生变形,其最小壁厚一般不得小于 4mm。管材的成本较高(钢管与型材的价格比,大约是 1.5∶1),因而在选用时必须全面考虑。

表 3.6 列出了井架中常用各种型材的 r^2/F 值(r、F 分别代表型材的最小惯性半径和截面积),此比值越大,表示承压能力越大。由表 3.6 中可见,钢管的承压能力最好。但在选择杆件的截面型式时,不仅要根据杆件本身的受力状况和型材的力学特性,而且还应综合考虑到型材的价格以及杆件制造的复杂程度等多方面的因素,按井架的结构与工作特点以及制造和材料供应等方面的条件来选定。型材的截面形式如图 3.3 所示。

表 3.6 井架中常用各种型材的 r^2/F 值

型材的截面形式	(1)	(2)	(3)	(4)	(5)	(6)	(7)
r^2/F	0.5~1.5	0.18~0.22	0.14~0.18	0.05~0.18	0.55	0.21~0.27	0.4~1.04

(2) 杆件截面大小的初步计算:通过计算来确定杆件的截面形状尺寸及其材质。这种计算一般由手算来进行。为了计算方便,将井架四面简化成四个平面,一般选取一个背面和一个侧面即可,并将所有节点均简化为铰节点。其计算方法如下:

(1)　　　　　(2)　　　　　(3)　　　　　(4)

(5)　　　　　(6)　　　　　(7)

图 3.3　型材的截面形式

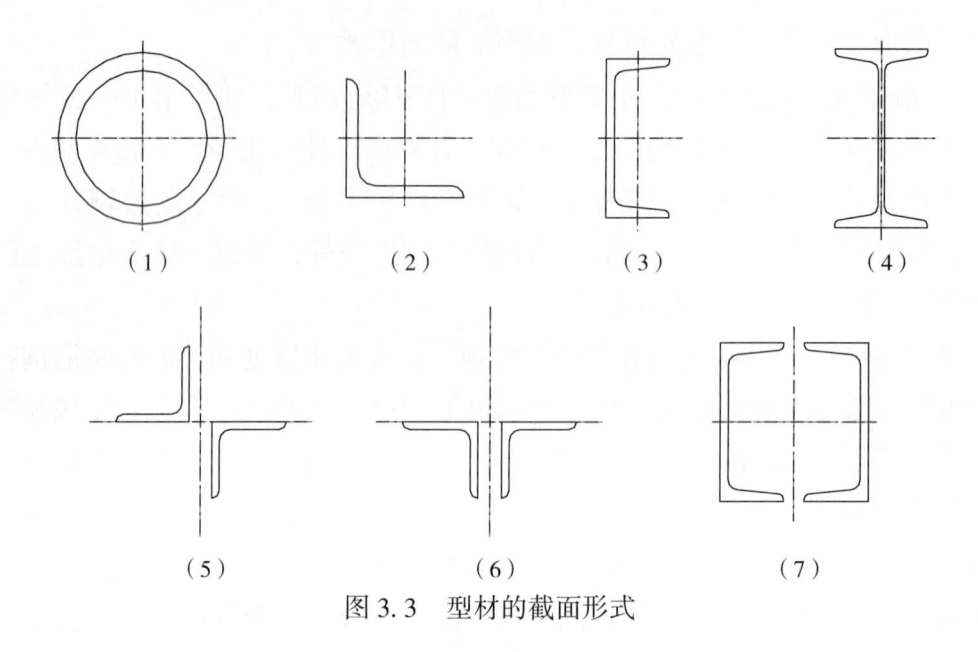

把最大静钩载加在井架顶部，用截面法截取二至四个截面，求出各杆件的轴向力。将所有杆件视为压杆，按压杆进行强度计算，其计算方法按 8.1.1 节的要求进行。以此来确定杆件材料的钢号和截面尺寸大小。其他未计算杆件可通过计算部分的杆件作类比分析确定。

3.2.2.4　节点设计

节点设计内容本应属于施工图设计的范畴，但考虑到设计思路的连续性和系统性，故在本节作以介绍。

节点设计的原则：各杆件重心线交汇于一点，即各杆重心线与桁架简图的轴线相重合，以保证在节点处结构偏心最小，即附加力矩最小，以免增加结构的变形，并降低其临界载荷；根据井架结构图所选定的材料按实际尺寸绘制节点，在节点处各个杆件的重心线相交于一点，当搭接件的焊缝沿重心线方向≥50~60mm 时不必使用连接板；当采用对接焊时尽量开坡口平焊。一般情况下，井架立柱采用宽翼缘 H 型钢时，各斜横杆与立柱相搭接的焊缝不需要加连接板；井架立柱采用普通工字钢时，斜横撑与立柱的连接需要加连接板；井架桁架平面内斜横撑连接采用对接时需加连接板。在满足井架节点受力强度的情况下，节点不需要连接板的尽量不要加连接板，其一是增加成本，其二是增加了节点的焊接应力，其三是增加了井架的重量，其四是增加了井架的起升载荷。

节点设计的主要内容是：确定节点型式、绘制节点图（图 3.4），即确定杆件的相互位置、节点板的形状与尺寸以及焊缝长度等。

节点板的作用,除了连接有关各杆件以外,还承受那些由于连接方法不完善、结构的偏心、焊缝收缩以及其他各种因素在节点处引起的局部应力和附加应力,它直接影响到结构的承载能力。

节点板的设计一般采用绘图法,即按一定的比例将与此节点板有关的杆件按其几何关系绘出,再根据连接焊缝的长度和宽度,或螺栓的最小端距、边距和间距,并考虑到以下各点确定节点板的形状和尺寸:

(1)节点板的形状主要依节点的形状和焊缝长度而定,外形要力求简单(一般至少应有两个平行边),以便于裁切,并应尽量避免出现锐角,如有锐角,应当切除。考虑到内力由被连接的杆件向节点板的传递布成15°角,因而要求节点板的边缘与杆件的轴线夹角不小于15°~20°[图3.5(a)],以得到合理的内力分布。

(2)节点中心(图3.5中的O点)一般应落在节点板上,以免产生附加弯矩。而且节点板的角也不宜露在杆件外[图3.5(b)中虚线所示],以免应力分布不均,也不美观。

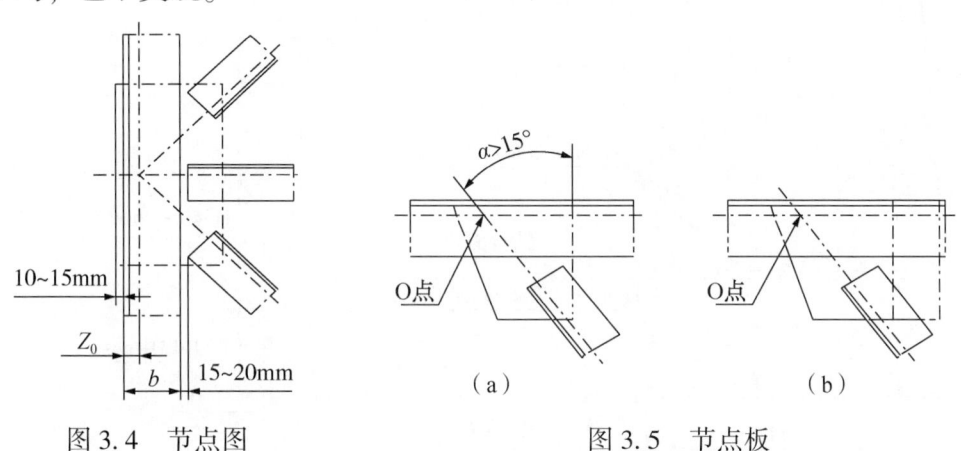

图3.4 节点图

图3.5 节点板

(3)节点板的厚度,可参照一般建筑结构设计的经验选取。

(4)为了便于焊接施工,节点板宜伸出角钢背10~15mm(图3.4),或在角钢背以内10~15mm。腹杆连接于节点板上所需要的焊缝长度应按该杆所传递的最大内力而定。当腹杆内力很小时,可根据结构上的要求来确定,每条角焊缝的长度应不小于50~60mm,焊角高度为较薄件厚度的2/3。

3.2.2.5 结构图

表示结构设计的图形叫结构图,其内容包括:井架主体的结构形式;上顶尺寸、底部尺寸(接口尺寸)及各桁杆的有关尺寸；各构件的截面尺寸及材质。如图3.6所示。

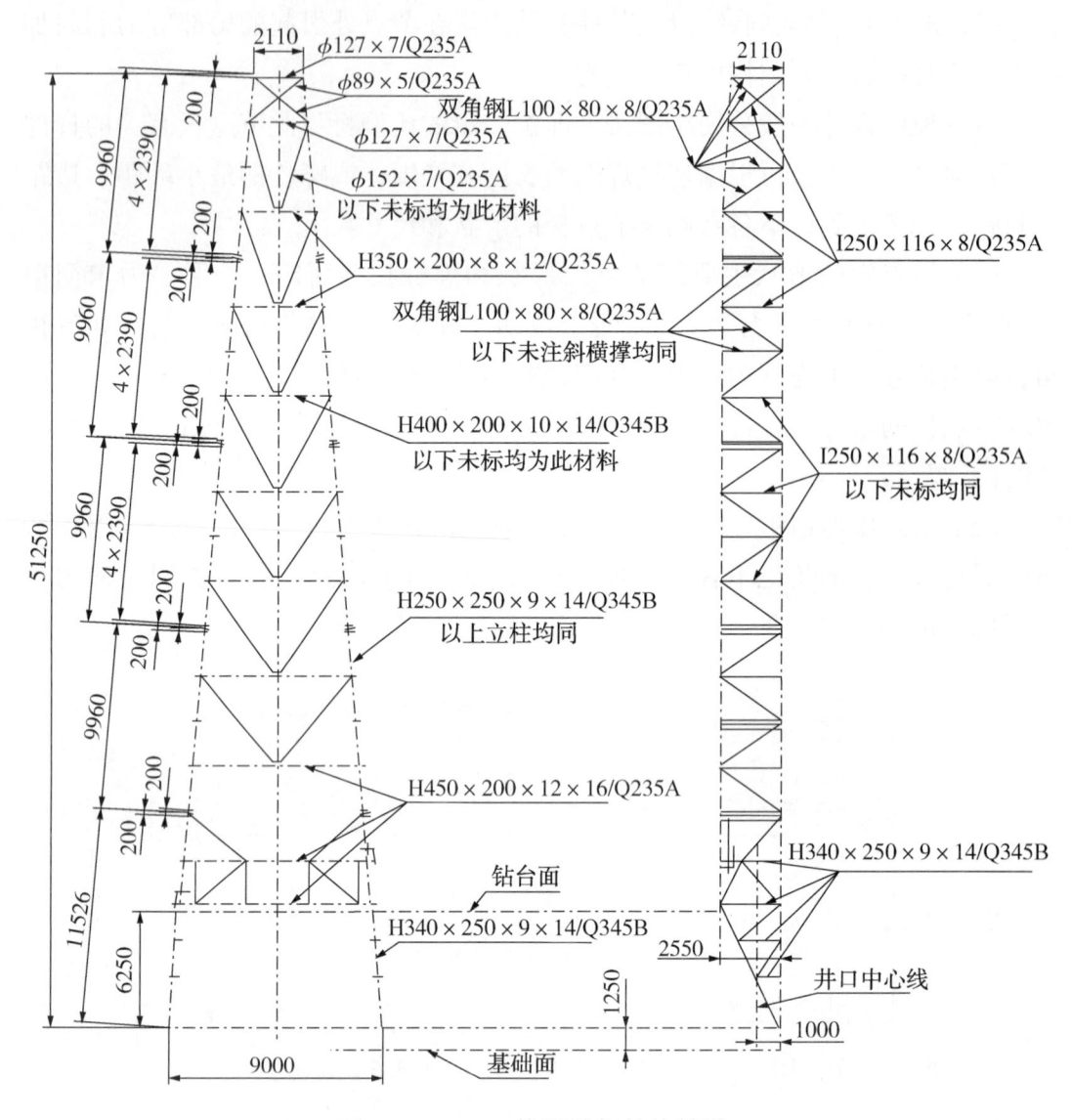

图 3.6　5000m 桅形井架结构简图

3.2.3　井架体常用数据

从本章3.2.1节、3.2.2节可知井架的设计就是指对井架体的设计，以上所述的设计是基本的正规设计方法和步骤，但在实际工作中，为了迅速完成方案设计，则采用类比法。为了方便类比，表3.7列出井架体常用数据以供参考。

3 井架设计

表3.7 井架体常用数据

钻机级别 100m/kN	有效高度，m 19m立根	有效高度，m 28m立根	不带绷绳的桅形井架 单片宽度，m	不带绷绳的桅形井架 立柱材料	A形井架 大腿截面，m	A形井架 立柱材料
10/600	30~31	37~38	2.0	H160×102×6.6×10.5/Q345	1.3×0.8	φ95×6/20
15/900	31~32	38~39	2.1	H194×150×6×9/Q345	2.0×0.9	φ114×7.5/20
20/1350	32~33	39~40	2.3	H200×200×8×12/Q345	2.2×1.0	φ127×8/20
30/1700		41~43	2.4	H200×200×12×12/Q345	2.3×1.1	φ140×8/Q345
40/2250		41~43	2.5	H257×204×9×16/Q345	2.4×1.1	φ152×8/Q345
50/3150		43~44	2.6	H250×250×9×14/Q345	2.5×1.2	φ168×8/Q345
70/4500		44~45	2.7	H300×300×10×15/Q345	2.7×1.5	φ180×10/Q345
80/5850		45~46	2.9	H350×350×12×19/Q345	2.9×1.6	φ203×10/Q345

注：① 表中有效高度未考虑顶部驱动系统。
② 表中立柱材料仅供方案设计参考。
③ API Spec 4F 第4版中未含有A形井架。

3.3 施工图设计

3.3.1 井架总图

总图是表达产品及其组成部分结构概况、相互关系和基本性能的图样。主要的要求有以下4条：

（1）图样：整体结构清楚，主要部件结构清晰，主要连接结构清楚，各部件编号齐全。

（2）主要尺寸：上顶尺寸（包括与天车连接的尺寸）、下底尺寸、二层台（高度，结构，连接）尺寸、井架总高尺寸、有效高度尺寸、立管台高度尺寸、与井口中心线位置尺寸、井架主体各段的长度尺寸、宽度尺寸、人字架高度、跨度尺寸等。

（3）技术参数，详见3.1.2节。

（4）技术要求，可参考以下内容：

① 井架按 API Spec 4F-2013 第4版《钻井和修井井架、底座规范》PSL（PSL2 如果有）及图纸的有关规定进行制造和验收。

② 每套井架出厂前应进行整体组装试验，各零(部)件均应能顺利安装，总体尺寸应符合图纸要求，井架立柱的直线度误差小于 xx mm❶（一般是全长的 0.5/1000）。

③ 所有焊缝必须 100% 进行目检，关键焊缝应按 AWS D1.1 要求进行磁粉探伤，并提供探伤报告。

④ 首套井架应按井架试验大纲的要求进行起升试验，并提供试验报告。

⑤ 各分拆构件均应有清晰的编号牌，编号牌可用 100×40×3 的扁钢制作，其上用钢字模打印零(部)件编号。编号牌应点焊在零(部)件的明显部位处，并涂上红色油漆，相同零(部)件不能互换的应编清晰可见的顺序号。

⑥ 全部结构件表面进行喷砂处理后，先涂红丹底漆，再涂面漆，面漆须注明具体颜色。

⑦ 各构件用于连接的机加工表面须涂锂基润滑脂，用于防腐。

⑧ 螺栓、螺母、垫圈、开口销等标准件及销轴、别针等通用件表面磷化或镀锌。

3.3.2 井架主要连接销轴的选用

井架主要连接销轴包括井架立柱连接销轴、井架背横梁连接销轴、井架背斜撑连接销轴、二层台连接销轴(即二层台与井架体连接的销轴)和大支脚销轴，选用见表 3.8。

表 3.8 井架主要连接销轴选用表

钻机级别 100m/kN	销轴直径，mm				
	立柱连接销轴	背横梁连接销轴	桅形井架背斜撑连接销轴	二层台连接销轴	大支脚销轴
10/600	40	40	40	40	65
15/900	45	40	40	40	80
20/1350	50	40	40	40	100
30/1700	55	45	45	45	110
40/2250	60	45	45	45	120
50/3150	65*	50	50	50	130
70/4500	70*	50	50	50	150

---

❶此数值需要设计者根据所设计的井架立柱总长来给出，这里只是给出误差数值计算的依据。

续表

钻机级别 100m/kN	销轴直径，mm					
	立柱连接销轴	背横梁连接销轴	桅形井架背斜撑连接销轴	二层台连接销轴	大支脚销轴
90/6750	90*	65	65	65	180**
120/9000	110*	80	80	80	200**

注：① 带"*"的销轴为Q70级，Q后数字表示屈服极限的1/10MPa，带"**"的销轴为Q80级，其余为Q60级。
② 大支脚销轴的数量，每套井架为2个。
③ 表中销轴所用耳板材质均为Q345。
④ 表中数据仅供参考，对于具体井架，以上5种销轴必须各选一个最大计算载荷进行验算。

3.3.3 不带绷绳的桅形井架主体连接耳板尺寸

主体连接耳板包括立柱连接耳板、背横梁连接耳板和背面斜撑连接耳板。前两种耳板极为重要，它们关系到不带绷绳的桅形井架的整体稳定性和强度，所以它们的尺寸比一般耳板要求更为严格。背面斜撑连接耳板的尺寸可按表2.25选取。

（1）立柱连接耳板尺寸见表3.9。

表3.9 立柱连接耳板尺寸

钻机级别 100m/kN	尺寸，mm						
	D	R	h	L	a	b	c
10/600	$40^{+0.37}_{+0.12}$	50	63	180	13	2	20
15/900	$45^{+0.38}_{+0.13}$	58	71	200	13	2	20
20/1350	$50^{+0.38}_{+0.13}$	63	76	220	13	2	20
30/1700	$55^{+0.44}_{+0.14}$	68	83	240	15	2.5	25
40/2250	$60^{+0.44}_{+0.14}$	75	90	270	15	2.5	25
50/3150	$65^{+0.44}_{+0.14}$	85	100	290	15	2.5	25
70/4500	$70^{+0.45}_{+0.15}$	90	110	310	20	3	30
90/6750	$90^{+0.52}_{+0.17}$	115	135	330	20	3	30
120/9000	$110^{+0.53}_{+0.18}$	150	170	380	20	3	30

注：耳板厚度按表2.25选取。

(2) 背横梁连接耳板尺寸见表3.10。

表 3.10 背横梁连接耳板尺寸

钻机级别，100mm/kN	尺寸，mm			钻机级别，100mm/kN	尺寸，mm		
	D	L	h		D	L	h
10/600	$40^{+0.37}_{+0.12}$	500	65	50/3150	$50^{+0.38}_{+0.13}$	750	85
15/900	$40^{+0.37}_{+0.12}$	550	65	70/4500	$50^{+0.38}_{+0.13}$	800	85
20/1350	$40^{+0.37}_{+0.12}$	600	65	90/6750	$65^{+0.44}_{+0.14}$	850	105
30/1700	$45^{+0.38}_{+0.13}$	650	75	120/9000	$80^{+0.45}_{+0.15}$	900	125
40/2250	$45^{+0.38}_{+0.13}$	700	75				

注：① $r=D/2$；② 表中未注尺寸均按表2.25选取。

3.3.4 井架部件

3.3.4.1 天车台

供维修或安装天车的工作台，位于井架顶部。现大多数天车自身带有天车台，如果天车未带天车台，井架必须设有天车台。天车台由台体和栏杆组成，台体边框材料取∠$70^2×5$/Q235，铺板材料取花纹钢板3/Q235。台体最小工作尺寸应大于600mm。

3.3.4.2 天车起重架

安装在井架顶部或天车梁上部，用于安装和维修天车的起吊支架。塔形井架的天车起重架用于安装和维修天车。其余井架的天车起重架用于维修天车。其主要参数详见表3.11。

表 3.11 天车起重架主要参数表

参数 井架类型	额定载荷	工作高度
塔形井架	等于天车自重	能将天车起吊，安装到所需的高度
不带绷绳的桅形井架	等于天车主滑轮总成（包括主轴及两个支座）的自重	能将天车主滑轮总成从安装位置吊起并下放到钻台

3.3.4.3 登梯助力器

对登梯人有一向上拉力,不仅使其登梯省力,同时也有一定的安全保险作用。

(1)额定载荷:1.3kN(该载荷为登梯人及携带物的最大重力)。

(2)组成部分:

① 平衡器:为一筒体,可装卸沙子,用以调节平衡器重力,平衡器的最大重力应小于最轻登梯人体重的0.5倍。其上有一对滑轮,是挂在导绳上,可沿导绳滚动。

② 导绳:取为 $\phi 15.5—6\times 19+FC+1770$ 钢丝绳,导绳上端连接在井架上端,下端固定在地锚上,地锚设在井口左前方(从井口前方对着井口看)离井口中心线前后、左右均为30~40m。

③ 导轮:悬挂在井架顶部(高于导绳上端2~3m处)的直梯中心线上;吊绳穿过该轮一端连接平衡器,另一端挂在登梯人的安全带上。

④ 吊绳:为 $\phi 6.2—6\times 19+FC+1770$ 钢丝绳。

3.3.4.4 辅助滑轮

它和钻台上的气动绞车相配套,用于起吊单根钻具及钻台上其他重物。一般悬吊在天车梁下,每套井架一般设置3个。辅助滑轮的额定载荷为100kN。滑轮的轴承应为滚动轴承。

3.3.4.5 液压大钳滑轮

悬挂液压大钳的滑轮,其额定载荷为50kN,每套井架设1个。

3.3.4.6 吊钳滑轮

悬挂吊钳的滑轮,它悬挂在井架适当的位置,穿过该轮的钢丝绳一端悬吊大钳,一端连接平衡重。该滑轮的额定载荷为3kN,每套井架设置2个。

3.3.4.7 吊钳平衡重

用于平衡吊钳,可使吊钳比较方便地处于适当的工作高度,每套井架设置2个。

3.3.4.8 旋转扒杆

它设在井架上端后部,用以起吊后台及后台周围的设备及重物,其臂长一般为6m,该扒杆额定起吊载荷一般为20kN、30kN。

3.3.4.9 梯子

即攀登井架的工作梯,它一般分为斜梯和直梯。有部分塔形井架用斜梯,直梯用于带绷绳的桅形井架及部分塔形井架,斜梯均带有扶手栏杆,直梯一般带护圈(为便于运输,护圈大多数设计成可折叠式),直梯也可以不带护圈。

3.3.4.10 平台

指登梯休息台。井架至少要有一个休息台即上二层台的休息台,休息台包括在二层台之内;对比较高大的海洋井架,一般适当的增加休息台,如钻台至二层台之间和二层台至天车台之间各增加一个休息台。

3.3.4.11 栏杆

天车台、休息台、二层台(内外部)、立管台、套管扶正台、中间台均设栏杆,除两种栏杆(即二层台操作栏杆材料为$\phi48\times3$/Q235,高1.1m;二层台外栏杆材料为$\phi48\times3$或$\square50^2\times3$,高度为2m)外,其余栏杆材料均为$\phi33\times3$,高度为1.1m,其下部均设挡脚板。

3.3.4.12 二层台

位于钻台之上一定距离的平台,横向支承排放的立根的上端。

3.3.4.12.1 二层台的基本结构

二层台由走台、操作台、指梁、挡杆、挡风墙、撑杆(吊绳)等基本部分组成。

(1) 走台:是井架工通往操作台的通道,最小宽度为600mm。对于塔形井架,它设在井架体的外侧。对于桅形井架,它设在井架体的前方,是二层台的主体,二层台其余部分均连接在它上面。它的内侧边框承担了立根的水平载荷,所以应有足够的强度。

(2) 操作台:是井架工上卡、解卡及排放立根的工作台,形似舌状,所以又叫"舌台"。其前端呈圆弧(或近似圆弧的部分多边形)形状,距井口0.8~1.1m。端部设有栏杆高度1.1m,材料最小为$\phi48\times3$/Q235,栏杆上端设有80×40的卡绳槽,下端设有脚蹬横杆。对于塔形井架,后端和井架体连接;对于桅形井架则生根于走台,由于起放井架时,游动系统运行的需要将其设计成能翻转的结构。

(3) 指梁:在二层台靠近井口一边的指状悬臂梁,用于约束立根盒中的立根。指梁分布在操作台的两侧,一般有两个,其端部均带有伸缩头,可插入舌台对应位置的孔中,对立根盒封闭,防止立根跑出立根盒。

(4) 挡杆:设在二层台立根盒适当位置,它可以使立根排放方便、整齐,同时也可稳定和约束立根。一般为翻转式,可以为单根也可四根一起翻转,其长度按所排放立根计算；挡杆截面为 130×40×4/Q235 椭圆形钢管或 80×40×4/Q235 的矩形管，有效间距为 145mm。海洋动力井架二层台的挡杆上还设有可翻转的卡指，可以对每根立根在前后左右四个方向进行约束。

（5）挡风墙：一般井架外栏杆加篷布即挡风墙。对于海洋井架或用户有要求的井架，须专门设置挡风墙。对于塔形井架，挡风墙在二层台的高度处，沿井架体的四周围一圈。对于其他井架，挡风墙分为两部分：其一，二层台部分，即以外栏杆为骨架的外面包一层玻璃钢或 1.5mm 左右的镀锌钢板；其二，在同高度的井架体三面包上玻璃钢或 1.5mm 的镀锌钢板，便组成一圈完整的挡风墙。挡风墙的高度，对于陆地井架取为 2m 左右，对于海洋井架则不得小于 3m。

（6）撑杆（吊绳）：为了使二层台安装到水平位置，对其离开井架主体的一边需要加一向上的力，该力由撑杆或吊绳来承担。现无绷绳的桅形井架均为撑杆。

（7）0.5t 气动绞车，用于帮钻工拉立根的设备，安装在操作台后方的走台上。

3.3.4.12.2 二层台基本参数

见表 3.12。

表 3.12 二层台基本参数表

钻机级别 100m/kN	有效高度 H, m	立根容量, m	立根倾角	操作台端部距井口尺寸, m
10/600				0.8
15/900				0.8
20/1350				0.9
30/1700	$H=L_\text{立}-1.5$（$L_\text{立}$ 为立根长度）	与表 4.3 相同	立根与铅垂线的夹角为 1°~2°	0.9
40/2250				1.0
50/3150				1.0
70/4500				1.1
80/5850				1.1

3.3.4.12.3 二层台主要用料选用

见表 3.13。

表 3.13 二层台主要用料选用表

钻机级别 100m/kN	走台边框 内边框	走台边框 外边框	斜撑杆	挡风墙主骨架	操作台、指杆连接销轴直径 d, mm
10/600	[140×58×6		φ89×4/20	□50×50 ×4/Q235	φ30/45
15/900	C[140×58×6+半管φ89×4	[140×58×6	φ89×4/20		
20/1350	[]140×58×6	[140×58×6	φ108×6/20		
30/1700	[]140×58×6	[140×58×6	φ127×6/20		
40/2250	[]160×63×6.5	[160×63×6.5	φ140×8/20		
50/3150	[]160×63×6.5	[160×63×6.5	φ152×8/20		
70/4500	[]180×68×7	[180×68×7	φ168×8/20		
90/6750	[]200×73×7	[200×73×7	φ168×8/Q345		
120/9000	[]220×77×7	[220×77×7	φ193×8/Q345		

注：① 二层台撑杆也可以选用方钢管、槽钢盒，其截面尺寸可按表中尺寸换算。
② 走台边框材质均用 Q235，[ ] 表示槽钢盒。C[表示半圆管槽钢的组合截面。

3.3.4.13 立管台

立管台为拆装水龙带的工作台。

（1）立管台的高度：钻台面至立管台面的高度，见表 3.14。

表 3.14 立管台高度

钻机级别 100m/kN		10/600	15/900	20/1350	30/1700	40/2250	50/3150	70/4500	80/5850
高度尺寸，m	12.2m 方钻杆	12.5	12.5	12.5	12.7	12.7	13	13	13
	16.5m 方钻杆	14.5	14.5	14.5	14.8	14.8	15	15	15

（2）立管台面积：立管台的面积应大于 $700×700mm^2$。

3.3.4.14 立管夹

井架上固定立管的夹板。其主体由上下两个半圆弧板组成，弧板内圈应有硫化橡胶衬套。下弧板通过座柄和井架主体相连接，待主管安装到位后，上弧板夹住主管通过 M24/6.8 级的螺栓（花螺母/6 级）连接上下弧板，再夹紧立管，一般立管外径为 127mm，其中心至井架体相接部分距离为 200~300mm。立管夹弧板材料宜取为钢板 16/Q235。硫化橡胶厚度不小于 10mm，座柄材料取工字钢 I160×88×6/Q235。

3 井架设计

3.3.4.15 中间台

在中部稳定立根的平台。它设在钻台和二层台的中间位置，其结构包括走台、舌台、挡杆、撑杆和内外挡杆。它用于海洋井架及立根为37m以上的大型陆地井架。海洋井架的中间台可兼备油管台的功能。油管台是设在修井井架适当的高度，用于支撑抽油杆上端的平台。

3.3.4.16 套管扶正台

进行套管旋转扶正的工作平台。套管扶正台一般包括升降架和操作台，固定在井架体上，顶部设有0.5t的气动葫芦，可使操作台上下调节7~12m的高度，以适应不同长度套管的需要。升降架分为单柱式和双轨式。操作台就是工作台，周围设有1.1m的栏杆，它靠升降架连接和上下调节，用时其端部伸向距井口1m左右的位置，不用时应将端部收回以使游动系统顺利运行。所以，端部一般为折叠式或伸缩式。

挪威MARITIME公司生产一种液压伸缩式套管扶正台，可前后左右旋转，上下伸缩。工作台设在顶部，面积为$1.5\times1.3m^2$，可由油缸随时调至水平位置，安装在井架前腿附近，用时可将工作人员很方便地送到工作位置，不用时缩回，其高度为6.23m，沿井架大腿靠放，占钻台空间很小。

3.3.4.17 死绳稳定器

为了稳定和保护死绳而设置的构件叫死绳稳定器，其型式有：

（1）稳绳式：用于与井架主体无干涉的死绳部分的死绳稳定器，其组成有：卡板（可横向调节位置）、伸缩杆（可纵向调节长度）、销轴及旋转头（可水平旋转）。卡板用于将该稳定器安装在井架体所需位置。旋转头端部有一由两瓣组成的圆孔结构，圆孔内有硫化橡胶，可抱住死绳，达到稳定的目的。单独使用时，最少要设置2个，也可与导绳式联合使用。

（2）导绳式：用于与井架主体干涉或将要干涉的死绳部分的死绳稳定器，其组成有：卡板（可横向调节位置）、伸缩杆（可纵向调节长度）、滑轮及挡绳辊。卡板及伸缩杆与稳绳式死绳稳定器完全相同，滑轮是用于推死绳，使其与井架体保持需要距离，挡辊则是防止死绳脱出滑轮绳槽。

3.3.4.18 排绳器支架

安装排绳器的悬臂支架，它可连接于井架、人字架或底座的相关部位，支架端与排绳器的连接一般设计成卡板等可调节的结构为宜。

3.3.4.19 快绳挡辊

为防止快绳直接击打井架体的滚杠，其结构为：在 $\phi114\times8/20$ 外面硫化一层不小于 20mm 的橡胶组成滚杠体，两端设有直径为 50mm 的轴头，与之配套的轴座焊在井架体上，挡辊设在距离快绳最近的井架体上，对于塔形井架设在内部，对于其他井架设在背横梁或背部杆件上。根据需要可设一个或多个，每个滚杠体的长度为快绳所涉部位左右运行长度加 300mm。

3.3.4.20 人字架

起升（下放）和支承自升式井架的支架，它由前腿、后腿、横梁、连杆和导轮组成。前（后）腿又包括左、右、前（后）腿，它们下端和底座相连，前后腿上端连接形成一对人字形，为了减少他们的长细比增加刚性，前后腿之间各加一根水平连杆。前后腿是主要受力件。当井架起升时，前腿受压，后腿受拉，当井架处于工作状态时，均受压力，大部分人字架有横梁，通过它将人字架左右前腿连成一个刚架，横梁的中间部位有一个可沿轴左右移动的快绳导轮。左右前腿上端各有 1~2 个起升大绳导轮，起升大绳通过它们将井架拉起。

3.3.4.21 缓冲缸

用于缓解自升式井架或底座起升到位前的冲击力的伸缩缸叫缓冲缸。它也兼备了将井架或底座推离平衡位置使其下落的功能。缓冲缸分为缓冲气缸和缓冲油缸，前者动力源可直接用钻机的气源，但结构复杂，外形尺寸大，制造费用高，随着推力的增大，它的缺陷越突出。后者优缺点正与前者相反。故作者认为，小型钻机的井架宜采用缓冲气缸，较大型钻机的井架宜采用缓冲油缸。缓冲缸主要参数见表 3.15。

表 3.15 缓冲缸主要参数表

钻机级别，100m/kN	最大推力，kN	最大行程，mm
10/600	50	400
15/900		
20/1350		
30/1700	100	500
40/2250		
50/3150	150	700
70/4500		
90/5850	200	

3.3.4.22 绷绳

防止井架倾倒的钢丝绳。井架可以不带绷绳,也可以带绷绳。带绷绳的井架应按 API Spec 4F 有关要求进行设计计算。这里所述绷绳是对带绷绳的井架而言。绷绳设计参数可按照表3.16选取。

表 3.16 绷绳有关数据表

序号	绷绳类别	数量	最小直径, mm	初始张力, kN	地锚承载能力, kN	与地面夹角, (°)
1	井架顶部至地面	4	16	4.45	≥70	45
2	二层台至地面	4	14	2.22		45
3	井架中部至地面	2 或 4	16	4.45		45
4	桅杆井架载荷绷绳	根据计算确定				

注:① 序1均应设置;序2当二层台不是悬吊绳,而是斜撑杆可不设置;序3是指伸缩井架下段的顶部至地面的绷绳;序4是指带前倾角桅杆井架的背部绷绳。
② 绷绳一般包括:连接销轴、绳套、钢丝绳、绳卡及索具螺旋扣。

3.3.4.23 防碰装置支架

防碰装置与排绳器均属于钻机的部件,但其安装支架均系井架部件,防碰装置支架应设在天车梁底面以下约3.5m的位置为宜。其结构为两根 $L70^2 \times 6 \sim L70^2 \times 8$ 的连杆,连杆中部各焊有一个内半径为25mm的U形圆钢 $\phi 16$ 用于悬挂防碰装置的钢丝绳,对于顺穿的天车、游车,两连杆分别安装在井架前面和背面,对于花穿的天车、游车两连杆则焊在两侧面的井架体上。

3.3.4.24 排立根机械手

挪威 MARITIME 公司生产的排立根机械手包括二层台机械手和钻台机械手。

3.3.4.24.1 二层台机械手

它安装在操作台(舌台)下方,由旋转头、曲臂和夹头组成。旋转头可使曲臂水平旋转360°;曲臂一端和旋转头连接,另一端连接夹头。曲臂可使机械手上下前后运动;夹头可将立根夹紧,该机械手能将立根举起并放置在指定位置。

3.3.4.24.2 钻台机械手

它是安装在钻台上方一定高度的位置,与二层台机械手配合,将立根放在立根盒适当的位置。其结构也是由三部分组成,即旋转头、伸缩臂和夹头。旋转头、夹头与二层台机械手相同,唯伸缩臂与曲臂不同,该伸缩臂即可伸缩又可上下旋转。

3.3.4.25 逃生器

是安全脱险装置，供井架二层台的工作人员在钻井作业中遇到紧急情况时逃生之用。

基本结构由本体、延长管、"T"形座、逃生绳组成。延长管将本体和"T"形座通过两套横穿的螺栓及防松螺母连成一体。本体的主体为2mm钢板制成的U形结构，两端各有一个滑轮组，中间上部有一凸轮，下面有与之配合的摩擦块。逃生绳(ϕ13)从两滑轮的下端及凸轮摩擦块的中间通过，逃生绳上端安装在二层台以上适当位置，下端与地锚连接，它与地面的夹角一般为30°。凸轮通过操纵手柄(刹把)对逃生绳夹紧或松开进行制动，调速滑行。

逃生器通常用活绳结悬挂在二层台适当位置，当发生紧急情况时，工作人员立即松开活绳结，左手握紧延长管，右手拉紧刹把，两腿骑在T形座上，然后适当松开刹把，人即可沿逃生绳向下滑行，逃离险境。

逃生器的额定负荷为150kg，外形尺寸为460mm×460mm×1100mm，自重为10kg。

3.3.4.26 防坠落装置

是一种防止在井架高空作业人员坠落事故发生的安全装置。该装置由安全背带、双保险钩、短安全绳、D型扣、长安全绳及安全滑轮(防坠器)等部件组成。当受到重力作用时，防坠器会自动锁紧，缓慢下降。工作人员作业时将双保险钩挂在可靠的相应位置，防坠器一端连接保险钩，另一端与工作者身上的安全背带相连接。当工作者失落时，则缓慢下落，起到了安全保险作用。

3.3.4.27 角度仪

自升式井架在起升过程中观察井架与水平夹角的仪器。该角度仪由刻度盘、指针和防护罩组成。刻度盘固定在井架大腿前立柱上，它为一个130°的扇形，实用0°至90°，两边各延伸20°，0°至90°可顺时针，也可逆时针，安装在井架左侧面(或右侧面)。安装时90°的刻度线应和立柱中心线平行，扇形圆心有一突轴，指针挂在突轴上，可绕突轴转动。

3.3.4.28 导轨

3.3.4.28.1 海洋动态井架导轨

海洋动态井架是供深水海域钻井的井架，在钻井过程中始终处于摇摆状态，为了约束游动系统使其中心线不脱离井架的中心线(井口中心线)专门设置了导轨用以承担此项功能。导轨由导轨体和斜横撑组成，导轨体是一对H

钢，它上端悬挂在天车大梁上，下端直至距钻台约为3m的位置。两H钢均设在井架中心线(井口中心线)的后方，左右以井架中心线(井口中心线)对称。斜横撑分布在井架体横梁相对应高度的各水平面上，用以对导轨体的支撑。这种导轨也同时用作顶部驱动钻井系统的导轨。

3.3.4.28.2 顶部驱动钻井系统导轨

是用于提供顶部驱动抗扭矩的导轨，其结构由导轨体和下横梁组成，导轨体是一个截面为矩形的长杆，上端通过环链悬挂在天车梁井口中心线的后方，下端通过一个十字联轴节与下横梁连接，下横梁与井架相应部位连接。该导轨不能用于海洋动态井架。

4 底座设计

4.1 底座技术参数确定

4.1.1 底座技术参数的来源

技术参数来源：(1)用户要求；(2)API Spec 4F(第4版 2013)有关规定。

4.1.2 技术参数的内容

(1) 钻台高度(单位 m)。
(2) 后台高度(如果有)(单位 m)。
(3) 钻台面积(正面×侧面"如果有后台也应包括在内")(单位 m²)。
(4) 净空高度(转盘梁下面至地面)(单位 m)。
(5) 立根容量：
5in 钻杆，19m 或 28m 立根容量(单位 m)。
4½in 钻杆，19m 或 28m 立根容量(单位 m)。
(6) 转盘梁最大载荷(单位 kN)。
(7) 最大转盘梁载荷和额定立根的最大组合：
转盘梁(单位：kN)。
立根盒(单位：kN)。
(8) 抗风能力：
① 工作工况(最大钩载、满立根)(12.7m/s 风速为有特殊固定的底座) ≤16.5m/s （12.7m/s）
② 预期风暴工况(无钩载、无立根) ≤38.6m/s
③ 非预期风暴工况(无钩载、满立根) ≤30.7m/s
④ 起升工况(弹弓式底座、旋升式底座) ≤16.5m/s
(9) 配套钻机。

（10）配套井架。

（11）配套转盘。

（12）配套死绳固定器（如果有）。

注：后台不包括低位的绞车及动力机组支座台面。

4.1.3 技术参数说明

（1）钻台高度：指底座的下底面到钻台面的垂直高度。

（2）后台高度：指底座的下底面到绞车周围台面的垂直高度。

（3）净空高度：指转盘梁下底面到底座下底面的垂直高度。

（4）立根盒容量：指立根盒能存放的钻柱或油管的立根数量。

（5）转盘梁最大载荷：指转盘传给转盘梁的最大载荷。

4.2 底座方案设计

4.2.1 完善、完整技术参数

底座的技术参数主要有钻台高度、转盘梁最大静载荷、立根盒最大静载荷、立根盒容量。转盘梁最大静载荷、立根盒最大静载荷，上节已讲清楚，本节只讨论钻台高度与立根盒容量。

4.2.1.1 底座钻台高度计算

钻台高度可按图4.1分析进行计算，即：

$$H=H_1+H_2+H_3+H_4+H_5 \tag{4.1}$$

式中 H_1——转盘高度（见表2.46）；

H_2——转盘梁高度（依据强度计算确定）；

H_3——防喷器起吊装置高度（如果有），一般取1.8m左右，小型钻机一般不设置此装置；

H_4——预留高度，取500mm；

H_5——井口装置组合结构高度，见表4.1、表4.2。

如果钻井液净化装置高于H_5时，应考虑降低钻井液净化装置高度，使钻井液槽有一个5°的坡度。

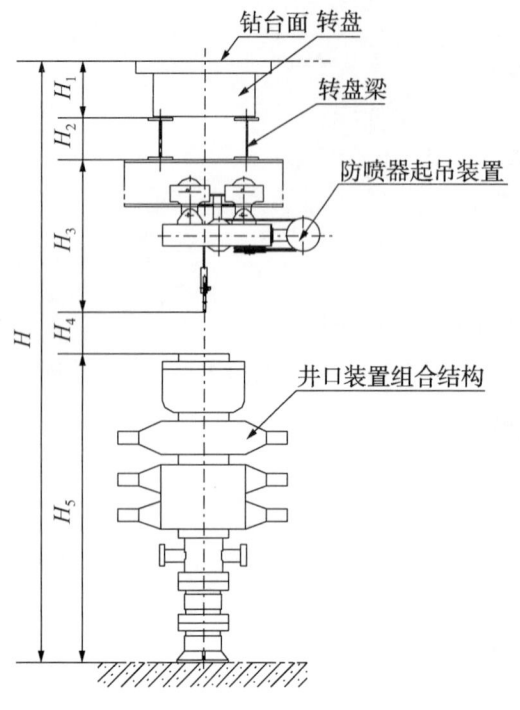

图 4.1　钻台高度分析示意图

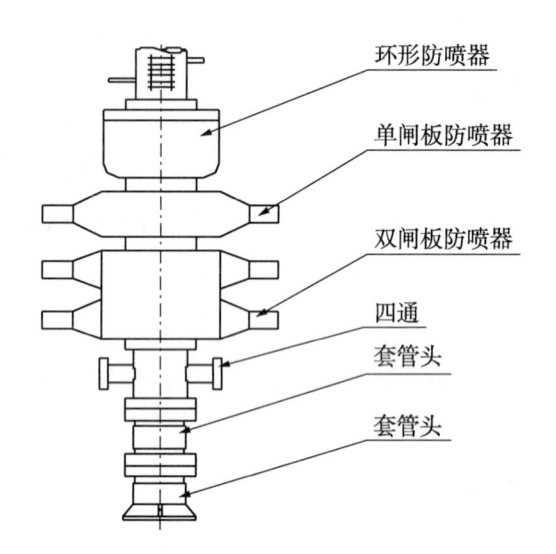

图 4.2　井口装置组合结构示意图
注：根据 SY/T 6424—2005《钻井井控技术》规定，井口装置组合结构共有 12 种，本图只是其中一种。

井口装置组合结构高度 H_5 的确定：井口装置组合结构根据钻井深度及井下压力来确定。同一压力下有不同的组合结构，组合结构不同，H_5 的数值不同。各组合结构的高度 H_5 根据表 4.2 中的对应数据叠加而成，所以同一级别的钻机底座有几种不同的高度，见表 2.41。

常见的井口装置结构组合形式见表 4.1。

表 4.1　不同压力级别井口装置组合结构形式（摘自 SY/T 6426—2005）

压力等级		井口装置组合结构形式	正常地层压力下对应的钻机级别
14MPa	1	套管头+四通+单闸板防喷器	2000m
	2	套管头+四通+双闸板防喷器	
	3	套管头+四通+单闸板防喷器+单闸板防喷器	
	4	套管头+四通+单闸板防喷器+环形防喷器	
	5	套管头+单闸板防喷器+四通+单闸板防喷器	

4 底座设计

续表

压力等级		井口装置组合结构形式	正常地层压力下对应的钻机级别
21MPa 和 35MPa	1	套管头+四通+双闸板防喷器+环形防喷器	3000m、5000m
	2	套管头+四通+双闸板防喷器+单闸板防喷器	
	3	套管头+单闸板防喷器+四通+单闸板防喷器+环形防喷器	
70MPa 和 105MPa	1	套管头+套管头+四通+双闸板防喷器+单闸板防喷器+环形防喷器	7000m、9000m
	2	套管头+套管头+单闸板防喷器+四通+双闸板防喷器+环形防喷器	
	3	套管头+套管头+四通+四通+双闸板防喷器+单闸板防喷器+环形防喷器	
	4	套管头+套管头+四通+单闸板防喷器+四通+双闸板防喷器+环形防喷器	

注：井口装置组合结构一般由用户提供。

井口装置高度尺寸见表4.2。

表4.2 井口装置高度尺寸（数据引自宝石机械产品样本）

名 称	额定工作压力，MPa	高度，mm	名 称	额定工作压力，MPa	高度，mm
环形防喷器	14	855	双闸板防喷器	14	1345
		1501			1465
	21	930		21	1160
		1090			1300
	35	788		35	1110
		1065			1415
		1220			
单闸板防喷器	14	895		70	1386
	21	720			1564
		844			1726
	35	727	套管头		520
		870			
		890			
	70	1030	四通		780
		1138			

4.2.1.2 立根容量计算

立根容量是指立根盒内所能存放的钻杆、油管的总长，以 $L_容$ 来表示，其计算按下式进行：

· 83 ·

$$L_{容} = n \times h_{立} \quad (\text{m}) \tag{4.2}$$

$$n = \frac{a}{\phi} \times \frac{b}{\phi} \tag{4.3}$$

式中　n——立根总数；

　　　$h_{立}$——单根立根的长度，m；

　　　a——立根盒宽度，mm(参考表4.3)；

　　　b——立根盒长度，mm(参考表4.3)；

　　　ϕ——钻杆接头(油管接头)外径。

注：(1)以上计算应考虑钻铤排放的需要。

(2)考虑到实际作业的需要，实际容量应在理论计算的基础上增加15%~20%。

表4.3　钻台立根盒有关数据

钻机级别 100m/kN	立根长度，m	尺寸，mm				立根容量，m	
		a	b	c	d	5in 钻杆	4½in 钻杆
10/600	19	900	1100	700	1400	1100	1500
15/900	19	1100	1250	700	1400	1500	2000
	28	900	1100	700	1400	1600	2200
20/1350	19	1200	1400	700	1400	2000	2500
	28	1050	1250	700	1400	2200	2800
30/1700	28	1250	1400	700	1400	3000	3800
40/2250	28	1400	1550	800	1400	3800	4800
50/3150	28	1500	1700	800	1500	4800	5800
70/4500	28	1900	1900	1000	1500	6400	7600
90/6750	28	2200	2200	1200	1700	9000	10000
120/9000	28	2500	2500	1300	1700	11000	13500

4.2.2 底座的总体设计

底座功能有二：其一，用于安装钻机部件，排放立根，满足钻井作业需要；其二，承受钻井作业中各种载荷。对于后者本书将在专门计算中进行讨论，本节只对前者进行叙述。对于安装钻机部件来说，必须考虑钻机部件的平面位置和立面位置及有关尺寸。

4.2.2.1 钻台面有关尺寸的确定

(1) 立根盒的尺寸及位置。

确定立根盒尺寸及位置有两条原则：其一，距井口最近的立根至井口的距离必须大于1400mm；其二，立根盒的立根容量须按钻杆接头外径（详见表2.40）计算。立根盒的具体位置及尺寸可参考表4.3。

(2) 鼠洞的尺寸及位置。

鼠洞分为大鼠洞和小鼠洞。小鼠洞直径为320mm，设在井口正前方，距井口中心1000~1100mm处。大鼠洞直径为400mm，设在井口右侧（从井口前方对着井口看），其位置前后在离井口中心线±800mm之间，左右一般在离井口中心线1800~2500mm之间。

(3) 尾绳桩的位置及结构。

尾绳桩分为液压大钳尾绳桩和普通大钳尾绳桩。液压大钳尾绳桩可按图2.11中的尺寸设置位置及连接。普通大钳尾绳桩的位置应在距井口中心大于3000mm的钻台上，该位置与井口中心的连线不应与立根及钻台上其他设备发生干涉。

尾绳桩的结构一般分为插入式和钻杆接头连接式。插入式即在钻台上焊插管（钢管$\phi200\times13/20$），主体为钢管$\phi168\times13/20$，可插入插管内，用穿过两根钢管的$\phi50$销轴连接并调节高度。

钻杆接头连接形式：将内接头焊在钻台上，外接头焊在主体（钢管$\phi168\times13/20$）上，使用时通过接头连接到位。

(4) 液压大钳（即钻杆动力钳）的位置。

液压大钳的作用有二：①起下钻的过程中，在井口上方对钻具上卸扣；②接单根时，在小鼠洞上方对钻杆和方钻杆上卸扣。它的位置一般设在井口左前方或右前方，其尺寸可参考图2.11。

(5) 液压猫头的位置。

液压猫头是和大钳配套紧扣或松扣的设施,一般设在井口后方左右两侧,其位置距井口中心应大于 3000mm,并与其中心对以井口中心为圆心,以 1300mm 为半径所划圆的切线上,(或与其中心对以小鼠洞中心为圆心,以 1300mm 为半径所划圆的切线上)与其他设备不应发生干涉。

(6) 5t 气动绞车的位置。

该绞车共两台,一般设在立根盒两侧,与天车前方的两个辅助滑轮配套工作,它的钢丝绳不得与二层台等其他设备发生干涉。

(7) 司钻控制室的位置。

司钻控制室一般设在井口左后方,其具体位置应能使司钻较清楚地观察到游车大钩在井架内整个运行情况为佳,其外形尺寸参考表 2.49。

(8) 井架的位置。

底座平面图应明确标明井架左右下段及人字架前后腿在钻台上的位置。

4.2.2.2　钻机传动平面图设计

该设计是根据总体设计提供的图形、尺寸和有关数据进行设计的,可参考图 4.3。

从图 4.3 可看到,传动平面图的基准点为井口中心,其内容包括转盘的外形尺寸、绞车的位置尺寸及外形尺寸、动力机组的位置尺寸及外形尺寸、传动装置的位置尺寸及外形尺寸、泵的位置尺寸及外形尺寸。

以上各设备的连接步骤如下:井口中心→转盘输入轴中心→转盘驱动箱输出中心→转盘驱动箱输入中心→绞车输出(万向轴)传动中心→绞车输入链轮中心→过桥轴输出链轮中心→过桥轴输入链轮中心→一号传动输出链轴中心→一号传动并车皮带轮中心→二号传动并车皮带轮中心→二号传动输出皮带轮中心→三号皮带轮中心→三号皮带轮输出中心→泵皮带轮中心。

4.2.2.3　钻机传动立体设计图

该设计指转盘、转盘驱动箱、绞车、动力机组、传动装置、钻井泵在垂直高度方向的位置尺寸及外形尺寸的设计。可参考图 4.4。

4.2.3　结构设计

4.2.3.1　结构设计的要求:

必须从实际出发,在最大限度满足使用要求的前提下,力求做到结构简单、安全适用、经济合理、技术先进,便于制造和装运。要求做到:

4 底座设计

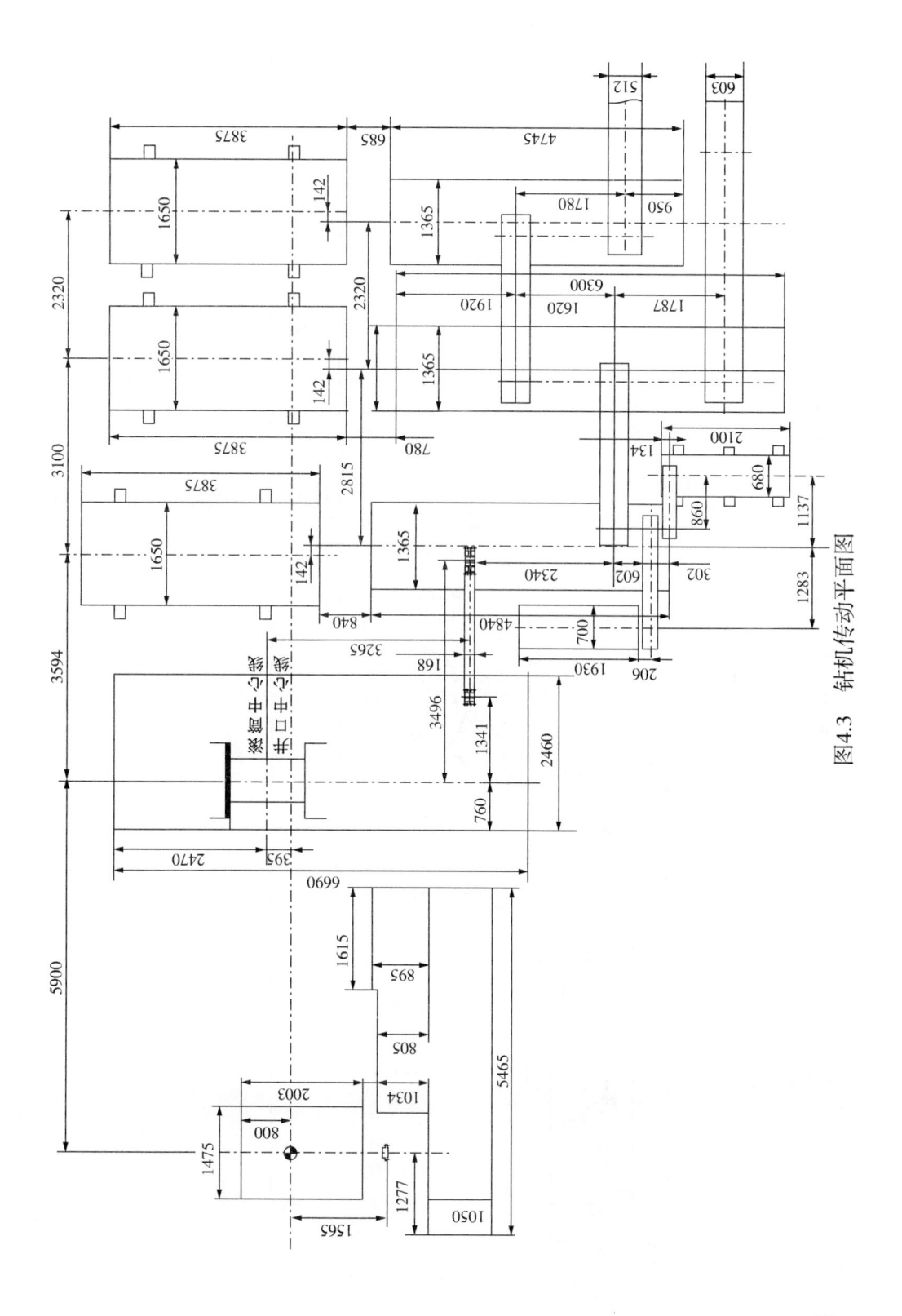

图4.3 钻机传动平面图

图4.4 钻机传动立面图

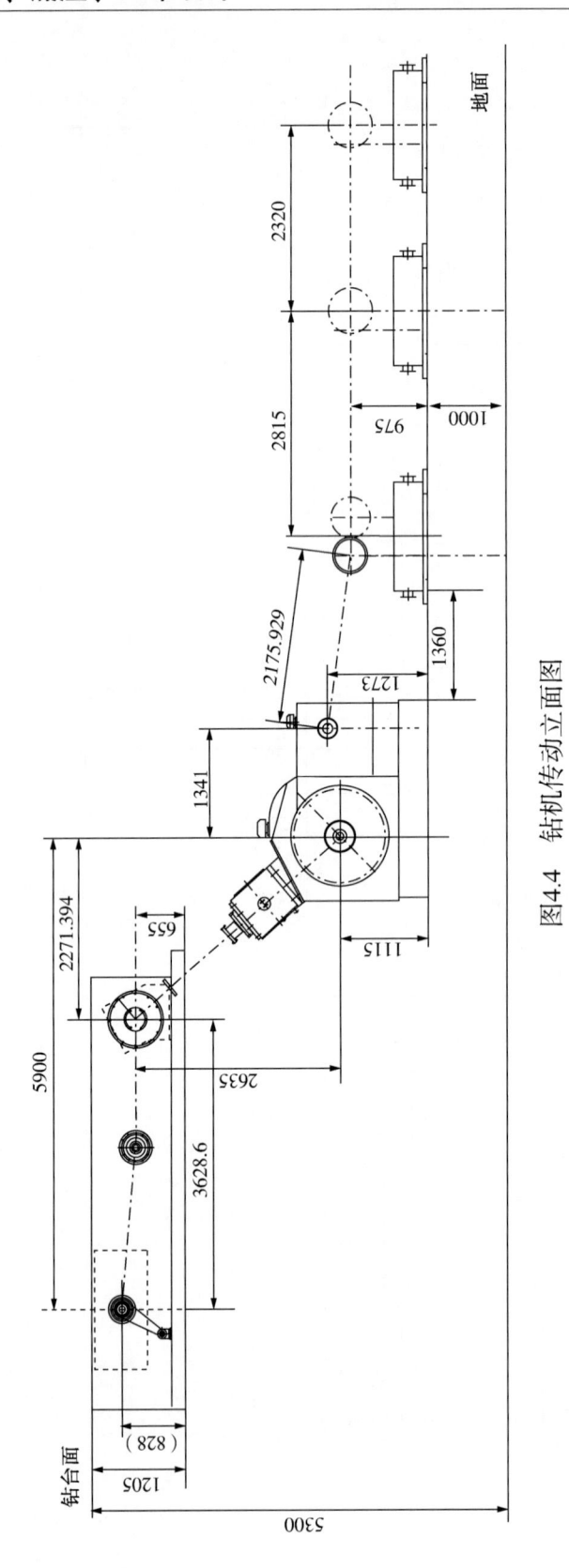

(1) 根据运输条件(铁路、公路的有关规定；运输车辆、吊装设备等)确定其允许的最大外形尺寸和重量。

(2) 应有较大的整体刚度和局部刚度。

(3) 在任何工况下必须是几何稳定结构，否则应针对某种工况采取临时加固措施。

(4) 明确接口尺寸。

4.2.3.2 结构设计的内容

与井架结构设计基本相同，下面是不同之处。

(1) 杆件截面大小的初步计算。

底座的杆件截面尺寸较井架的杆件粗大，杆件的长细比一般多在5~10左右，大型底座的主要承载部件往往设计成板梁构造，因此在对截面大小的初算中，对梁要进行计算(如转盘梁、立根梁等)，其计算方法为近似保守计算法：将梁均简化为简支梁，将载荷简化为集中载荷进行弯曲应力及剪切应力验算即可。另外对自升式底座的支腿及主要承载的立柱须按3.2.2.3的规定进行初算。其他未计算的杆件可以作类比分析确定。

(2) 结构图：表示结构设计的图样叫结构图。其内容包括总体结构的型式，所安装的钻机设备的位置尺寸及外形尺寸、接口尺寸(与井架等)、各剖面的结构型式及连接尺寸、主要杆件的截面尺寸及材质。具体见详图4.5。

4.3 底座施工图设计

4.3.1 总图设计

总图是表达底座及其组成部件结构概况相互关系和基本性能的图样，也是表达井架、转盘、绞车、动力机组、传动装置等安装位置的图样，它是钻机的基本安装图之一。

其主要要求如下：

(1) 图样：整体结构表达清楚，各部件结构表达清晰，主要连接表达清楚，各部件编号齐全，与底座有关的钻机设备安装位置表达清楚。

钻井和修井井架、底座、天车设计

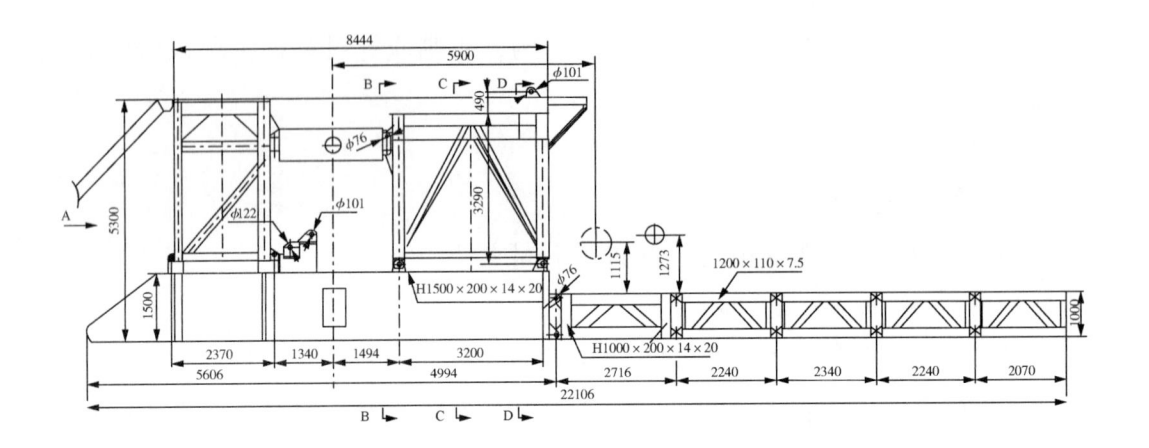

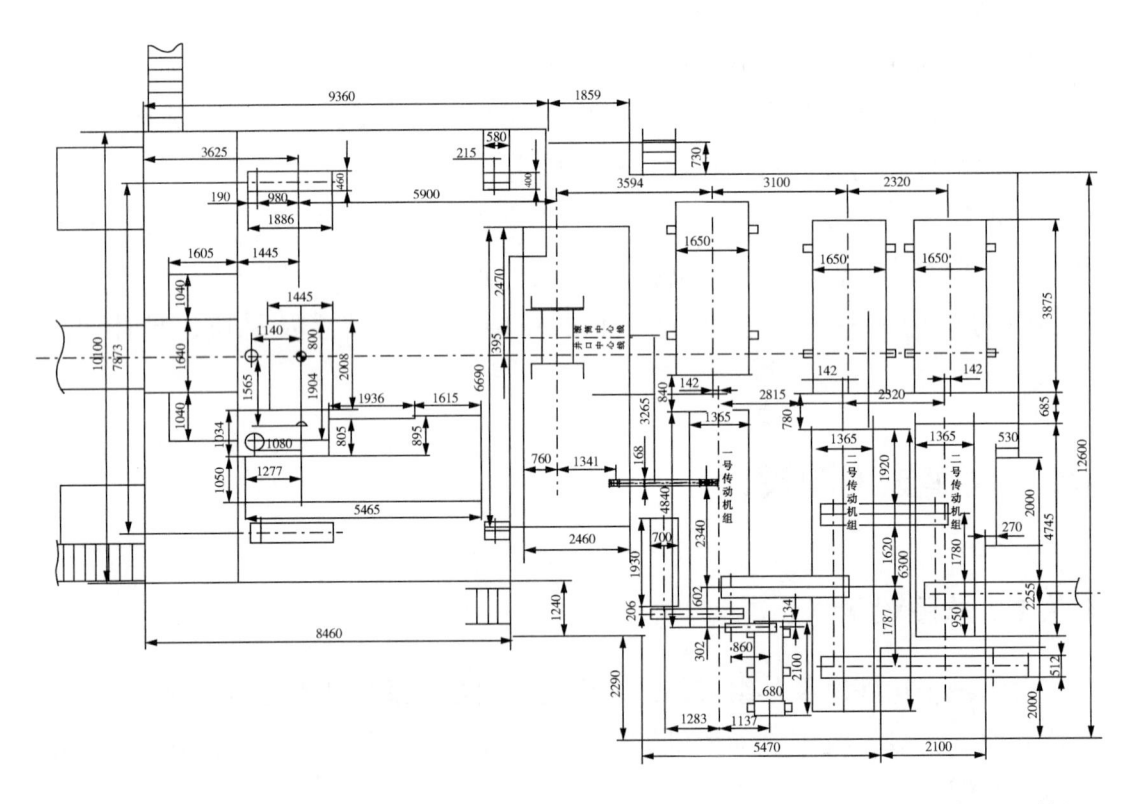

图 4.5　钻机

4 底座设计

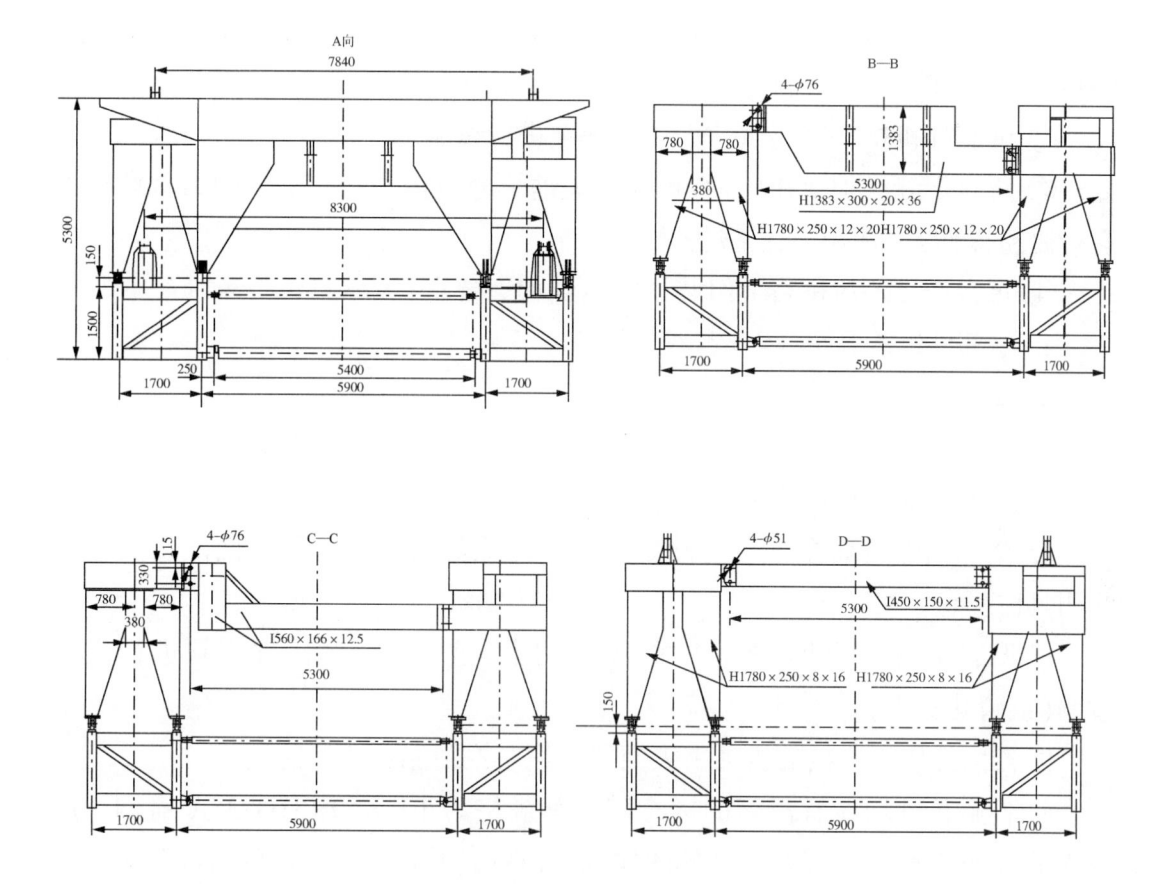

底座结构图

(2) 主要尺寸：钻台高度、净空高度、联动机组底座高度、钻台面长宽尺寸、立根盒长宽尺寸及位置尺寸、大小鼠洞位置尺寸及直径、连接井架底部的调节支座位置尺寸及销孔直径、与底座有关的钻机设备的安装位置尺寸及外形尺寸、底座各部件的连接尺寸、底座的外形尺寸。

(3) 技术参数：详见 4.1.2。

(4) 技术要求(仅供参考)：

① 本底座须按 API Spec 4F-2013 第 4 版《钻井和修井井架、底座规范》PSL(PSL2 如果有)进行制造和验收。

② 试验样机按本底座试验大纲的规定进行试验。

③ 所有焊缝必须 100% 进行目检，关键焊缝应按 AWS D1.1 中第六章要求进行磁粉探伤，并提供探伤报告。

④ 每台产品均应进行大组装，并达到如下要求：

a. 零部件组装齐全。

b. 安装顺利。

c. 总体尺寸符合图纸要求；每台产品均应进行起升试验(对自升式底座)，并达到起升平稳，无卡阻现象。

d. 全部构件表面在进行喷砂处理后，先涂红丹底漆，再涂面漆。面漆须注明具体颜色。

e. 所有销轴、别针、螺栓、螺母、垫圈等连接件、紧固件均须进行表面镀锌(或磷化处理)。

f. 各构件用于连接的机加工表面须涂锂基润滑脂，用于防腐。

g. 各解析件均应有清晰的标志牌，其规格为 100×40×3/Q235A 扁钢，用 12 号钢字打上标记，焊在零部件图样规定位置，并在其上涂以红色油漆。

h. 底座的配套，包装和发运按本底座的成套清单进行。

注：如有特殊要求须另注明。

4.3.2 底座零部件设计

4.3.2.1 转盘梁

(1) 设计要求：转盘梁是底座的关键件，设计要求必须从严：

① 要有足够的强度，应能承受转盘作用的最大载荷。

② 主梁、副梁须和转盘的底盘对准，并比转盘底盘外形尺寸大 50~80mm。

③ 不允许接料。

④ 两端耳座与主梁的焊缝均为关键焊缝，须进行无损探伤。

（2）转盘梁连接销，可按表4.4选取。

表4.4 转盘梁、立根梁连接销轴直径

钻机级别，100m/kN	销轴直径，mm	
	转盘梁	立根梁
10/600	50	40
15/900	55	50
20/1350	65	55
30/1700	70	60
40/2250	80	70
50/3150	100	80
70/4500	120	100
90/6750	140	110
120/9000	160	130

注：梁每端均为两个销轴。

（3）转盘的固定：转盘固定的结构型式是根据转盘传递扭矩的功能而设计的，转盘最大扭矩有多大，转盘的固定结构必须有相应大的抗扭矩能力。其型式有以下三种：

① 顶丝固定：一般在转盘的四周设7~8个顶丝，顶丝要留一定的调节量，当顶丝全部设在最短位置时，各顶丝端头距转盘(在理论中心位置)对顶紧面的尺寸均为100mm，这种结构可调节转盘的位置，但顶丝结构较复杂。

② 销轴耳板固定：在转盘四周设6~7组销轴耳板，将转盘找正后，将双耳板配焊在转盘梁上，将单耳板配焊在转盘上，用销轴连接即可，此种固定结构较简单，安装转盘较方便，但转盘不能调节位置。

③ 限位方框固定：在转盘四周的转盘梁上焊以矩形框，其高度为50~80mm，将转盘直接安放在其中即可，矩形框和转盘四周留有2~2.5mm的间隙。这种结构最简单，安装转盘最方便，但转盘向上没有约束，转盘旋转时，冲击和振动较大，须慎用。

4.3.2.2 立根台

立根台包括立根盒、立根梁、钻台前沿铺台及左右两侧铺台、5t气动绞车连接座。

(1)立根盒：其尺寸及位置按底座方案设计中(4.2.2.1)的规定设计，立根盒内须铺设厚度为120~160mm的方木(硬杂木)，方木的固定可用周边上焊压板，或用长螺栓将整排方木及边框穿在一起。立根盒四周设有宽约100mm的钻井液回收槽。

(2)立根梁：

① 设计要求：转盘梁设计中的要求①，②，③三条适用于立根梁。只是该梁承受立根的最大载荷、转盘最大载荷一部分(如果有)。

② 立根梁连接销：该连接销可参考表4.4选取，依据受力进行校核。

(3)立根盒中铺台按4.3.2.7节要求进行。

4.3.2.3 绞车梁

绞车梁的强度以能承受绞车的自重载荷为准。绞车梁一般设计为平面桁架，主梁有两根，且须和绞车自身底梁对准，如果绞车很宽，超过了3m，则可将绞车梁设计为一个平面桁架和一根单梁。绞车与绞车梁的连接形式为：(1)螺栓连接(绞车梁须在底座的左右方向开长孔)；(2)U卡连接；(3)搭扣连接。

4.3.2.4 基座

是底座的主体之一，位于底座的最下部，它分为左右对称的两部分，中间被若干个连接架和连接杆连成一个整体。在它上面安装着底座的其他部件，同时也安装着井架及钻机的相应设备，它承受着井架、天车及钻机相应设备的自重和底座本身的自重，也承受着最大钩载、最大风载及井架起升的最大载荷。

基座结构包括两根主梁、若干个横梁和斜撑、调节支座、端部耳座、上部耳座和内侧耳座。

(1)主梁：主梁由于在井架起升时承受的弯曲应力特别大，所以该梁须有一定高度，3000m以上钻机的底座，该梁高度均须在1000mm以上。它可以设计成实腹梁，也可以设计为桁架梁。如果设计为实腹梁，须有井口四通管的出口，该出口大小为高800mm，宽500mm，下部距地面约300mm。

(2)横梁：一般设在立根梁、转盘梁、绞车梁的对应位置。横梁还包括一个箱形大梁，位于调节支座下方，用来安装该支座。

(3)端部耳座：基座整体长度一般都在20~30m之间或更长，为了方便运输，将其分为两段或三段，该耳座为各段之间的连接件，它的受力是按井架起升时该处所受最大弯矩来计算的。

(4)上部耳座：是用于安装底座的中间部件(支腿、支座)的连接件，它的承受载荷按上部对应部件承受的最大载荷再加自重计算。

(5)内侧耳座：用于安装连接左右基座的连接架或连接杆，3000m以下钻机底座用ϕ40销轴，4000~5000m钻机底座用ϕ50销轴，7000m钻机底座用ϕ60销轴，其耳座按对应销轴设计即可。

(6)其他：为了井架起升配重，有些底座的后基座腔内还可设计成水箱。为了方便现场操作，可将前基座部分内腔设计成工具箱。

4.3.2.5 支腿、支座

支腿、支座也属于底座的主体部分，它是连接基座和上座的中间结构。

(1)块式底座支腿：一般有四条支腿，即前支腿和后支腿各两条。

① 前支腿：前支腿设在立根台下，用于支撑立根台，由于立根盒的后梁还要悬挂转盘梁，所以前支腿的后立柱除了和前立柱一样承受相应立根最大载荷外还承受相应的转盘最大载荷，因此前支腿后立柱横截面要比前立柱大许多。其结构型式为主体桁架侧面视图为矩形，正面视图则为楔形。这是因为考虑到井架起升时所需的空间，将前支腿设在基座内侧的缘故。参考图4.5。

② 后支腿：后支腿为一长方体桁架结构，直接安装在基座上方，用于支撑绞车梁。后支腿前立柱大于后立柱，因为前立柱不仅承受相应绞车梁载荷，而且还要承受相应的转盘梁最大载荷。

(2)自升式底座支腿：自升式底座的支腿为平面桁架。可按内外支腿进行设计，外支腿均为矩形平面桁架，它们安装在基座的上方，与上座相连接，内支腿设在基座内侧，它的作用一方面是增强底座的整体稳定性，另一方面是缩短转盘梁、立根梁的跨距。其受力按上座力的分布统一折算。

(3)支座(仅用于拖橇式底座)：其结构为箱式桁架，该支座为拖橇式底座的中间结构，它横向安装在下船(相当基座)和上船(相当上座)之间，该支座一般有3~4个，前座上部就是立根台，它的受力和立根台是一样的，第二个支座要承受绞车载荷及相应的转盘梁最大载荷。第三、第四个支座要承受动力机组载荷。为了平衡井架起升力矩，往往将后边支座(即第四个支座)设计成水箱。各支座中间设有斜撑杆，使底座各部分都成稳定结构，下船在井架起升时所受的弯曲应力大幅度下降，整体结构更加合理。

对三层的箱叠式底座，中间箱体也可以视为这类支座。

4.3.2.6 上座

对于块式底座乃至箱式底座没有明显的上座，自升式底座的上座则最有代表性，本书以自升式底座为例，对上座进行介绍。上座是底座的主体，更是钻机的主体。

自升式底座的上座分为左右对称的左上座和右上座。左右上座之间由立根台、转盘梁、绞车梁（或后梁）用销轴连成一体，所剩空间再铺以大小不等、形状各异的铺台，组成一个完整的钻台面。上座下面通过支腿使其达到规定的钻台高度。上座由主梁、横梁、斜撑、上下耳座、内耳座等组成。

(1) 主梁：每个上座都有两根主梁，即内梁和外梁，它们都是大型实腹工字钢。其中心线与对应基座的两主梁中心线平行，且分别在两个对应的垂面上。四根主梁承受着钻机钻井过程中作用在钻台上的全部载荷，由于立根梁、转盘梁均悬挂在内梁上，所以内梁受力较大，故横截面应取得较大。

(2) 横梁：一般设在与立根梁、转盘梁及后梁的对应位置，这些横梁的下部要设双耳座用于和支腿连接。对于弹弓式底座，由于井架在钻台上，还必须在井架支脚及人字架后支脚部位设置大型横梁。井架（包括人字架）的支反力以集中力的形式作用在这些横梁上。

(3) 上下耳座：上耳座与井架、人字架连接，下耳座则与支腿及斜撑杆连接，它们所受的载荷为所连接设备或部件的支反力。

(4) 内耳座：为连接立根梁、转盘梁、绞车梁（如有）或后梁的耳座，它们承受立根梁最大载荷，转盘梁最大载荷，绞车、转盘及钻台上其他设备的自重载荷。

(5) 其他：上座中还要设置走线槽，即供气管、液压管、电缆线铺设的槽子，该槽纵穿横梁，在管线的出口处有时也穿过纵梁即主梁。在管线穿越口处，必要时须补强，补强的方法可参考压力容器开口补强的方法进行补强。

4.3.2.7 铺台总成

供操作人员工作的平台，将钻台面和后台面除过立根台、转盘、绞车、动力机组、传动装置等设备所占的空间外，均铺设成完整的平面结构叫铺台总成。它们是由大小不等，形状各异的多个铺台组成。只要确定以下两条即可随意设计铺台。

(1) 铺台间隙的确定：
① 铺台与铺台的间隙取为10mm。
② 铺台与转盘的间隙取为15mm。

③ 铺台与绞车及其他设备的间隙取为 15mm。

（2）铺台边框材料的选取，详见表 4.5。

表 4.5 铺台边框材料选取

钻机级别，100m/kN		20/1350 以下		30/1700 以上（含 30/1700）	
		带网格板	铺花纹板	带网格板	铺花纹板
材料	型号	[100×48×53	[140×58×6	[120×53×5.5	[160×63×6.5
	质量，kg/m	10	14.53	12.06	17.23

注：① 表中材质均为 Q235；
② 铺板取为花纹钢板 5/Q235。

4.3.2.8 坡道

设在钻台前沿中间位置，它是拉单根、钻具的通道，也用于拉游车、大钩及顶驱系统，所以 5000m 以上钻机的坡道边框内侧应大于 1600mm，坡道和地面的夹角一般取为 55°，坡道与立根台的连接销取为 $\phi40$ 即可，坡道的边梁可按表 4.6 选取，坡道长度若超过运输长度，允许将其分为两段，但连接销轴直径不得小于 $\phi50$，为了拉单根方便，用角钢 100×100×8/Q235B 在坡道面上铺成瓦楞状，组成间距约 210mm 的瓦楞通道，对单根进行导向。坡道上还设有中间停放装置，由反转框组成，距台面斜长为 8000mm，此装置不许影响游车及顶驱上下钻台。

表 4.6 梯子、坡道边梁选取

钻台高度，m		3.4	4.5	5.6	7.5	9	10.5	12
材料	型号	[180×68×7		[220×77×7	[280×82×7.5		[320×88×8	[360×98×11
	质量，kg/m	20.17		24.99	31.42		38.22	53.45

注：表中材质均为 Q235。

4.3.2.9 梯子

梯子的设计原则：安全可靠、刚性好、操作人员上下方便。为满足以上原则，设计时应注意以下方面：（1）顶部连接销或挂钩直径≥30mm；（2）高钻台长梯各段连接销直径≥50mm，脚踏板下应设斜撑（连接边框）使梯子有足够的刚性，避免晃动。梯子两侧均应设扶手栏杆。梯子边梁可以按表 4.6 选取，北京大和金属公司生产 HA255/30/SF-ST3 梯子踏板尺寸（长×宽×高）为 800×245×30，每块质量 7.5kg。

4.3.2.10 栏杆

所有梯子、钻台周围及 800mm 以上高度的后台周围均应设置。钻台及后台栏杆高度均以 1.1m 为宜。栏杆腿的间距一般根据铺台的具体尺寸设置，但最大应≤2000mm，材料可按表 4.7 选取。

表 4.7 钻台栏杆材料选取

部位	材料	方钢管		圆钢管	
		栏杆	插座	栏杆	插座
正前方	规格	□80²×4		φ76×4	φ89×4.5
	质量，kg/m	9.222		6.62	9.38
其余三面	规格	□50²×3		φ48×3	φ60×4
	质量，kg/m	3.602		3.33	5.52

注：表中材质均为 Q235。

4.3.2.11 调节支座

是底座和井架连接的部件，可以调整井架，使其垂直中心线与水平面保持垂直状态。一般可分为井架调节支座和人字架后腿调节支座。

（1）井架调节支座：调节井架下端支脚高低位置的支座，一般与井架的支脚和人字架前腿支脚设计成一体。也有少部分只与井架支脚连接，从结构型式上可分为楔铁式和加垫式。

① 楔铁式：其结构如图 4.6 所示，座体包括底板、左右两耳板和后端板、底板上有供楔铁滑动的滑道，耳板在井架支脚中心的对应处各有一个上开口的 U 形槽，后端板和连在楔铁上的螺杆可使楔铁前后移动；楔铁的斜面取为 8°～10°；滑座销孔左右端部各有一个突台，安装在座体耳板的 U 形槽里，外廓与 U 形槽配合，可在 U 形槽内上下滑动，滑座底面是一与楔铁的斜面有相同斜度的斜面，滑座上部和斜板上各有四个垂直螺孔；双头螺栓共有 4 个，从滑座的 8 个孔中穿过，也穿过楔铁，其下端与座体底板上对应的孔螺纹连接，当滑座调至要求高度时，将双头螺栓上端的螺母拧紧，即完成调节作业。这种支座优点是不需附带特殊设备或工具。其缺点是前后尺寸较大，上调困难，尤其对大型井架更为困难，故 2000m 以下的小型井架可选用这种结构，并应注意在安装井架时，应将滑座调至最高位置，待调井架时，向低调则比较容易。

4 底座设计

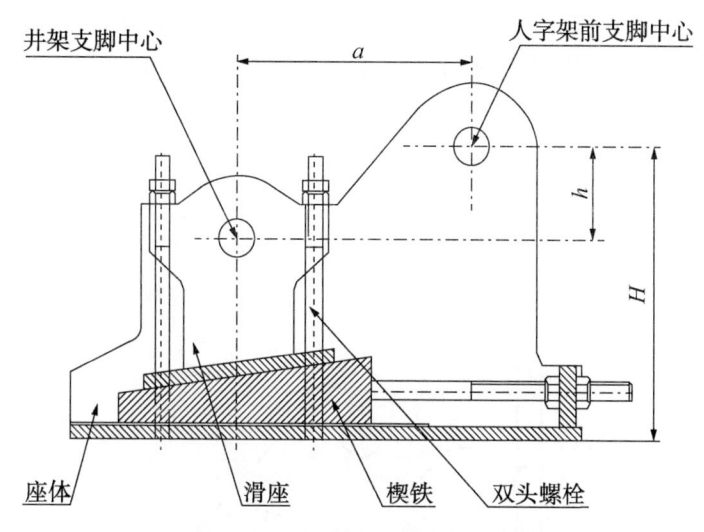

图 4.6 楔铁式井架调节支座

注：① 销孔、耳板厚度按表 2.25 中有关规定。
② a、h 确定原则为：人字架前腿与井架大腿支脚不干涉为宜。

② 加垫式：如图 4.7 所示，其结构由座体、U 形垫、调节座和调节螺栓组成，均为可拆的独立构件。座体和调节座均为双耳座，后者可在前者的 U 形槽内上下滑动。调节座上调的动力为千斤顶，座体前方有一开口，千斤顶从开口

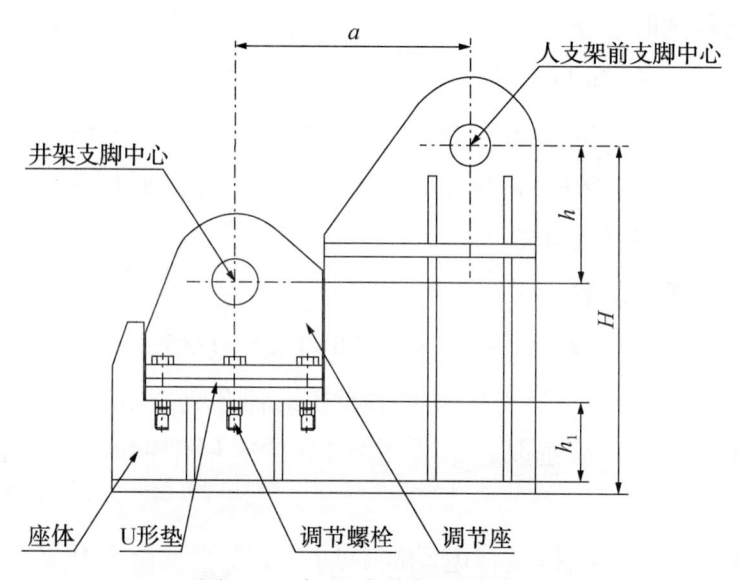

图 4.7 加垫式井架调节支座

注：① 销孔、耳板厚度按表 2.25 中有关规定确定。
② a、h 确定原则为：人字架前腿与井架大腿支脚不干涉为宜。
③ h_1 应大于选定千斤顶的最小高度。

放入调节座正下方，U形垫下的平板正中心有一孔，千斤顶活塞顶端可从该孔通过，顶起调节座。按需要加上U形垫，拧紧螺栓即可。

（2）人字架后腿调节支座：其结构如图4.8所示，该支座可调节人字架后腿支脚中心位置，使人字架顶部可向前或向后移动，从而调正井架的侧面垂直度。

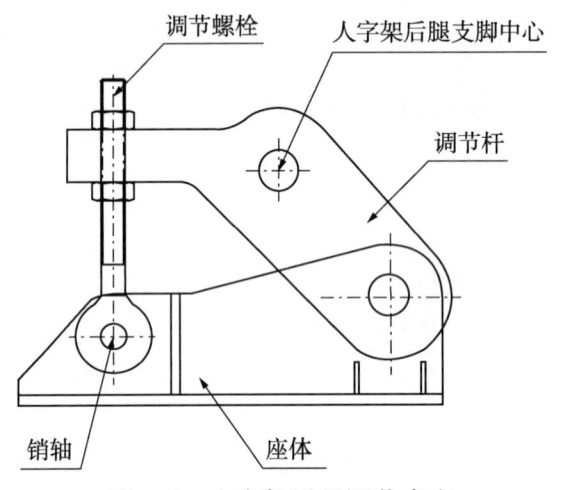

图4.8 人字架后腿调节支座

4.3.2.12 安全滑道

是钻工遇险情时迅速逃离钻台的滑道。滑道为一个槽状坡道，内槽宽一般为650mm，两边设有200mm高的固定栏杆，上端有两个挂钩，挂在钻台上。滑道上部为直道与水平面夹角为60°，离地面2100mm的下部是半径为2800~3000mm的圆弧，下端部有约500mm的水平直头。其边梁可选比梯子坡道边梁小一个号的槽钢，参考表4.6。

4.3.2.13 井口起吊装置

（1）起吊大梁：选取工字钢I560×166×12.5/Q235，该梁每米重106.2kg，梁下部设计补强板δ18/Q235。起吊大梁连接销轴选取为ϕ45mm。

（2）起吊葫芦：一般选取起吊质量≥20t的隔爆型钢丝绳电动葫芦，起升高度为6~12m。

（3）起吊油缸：其结构是将电动葫芦用一个水平油缸所代替，通过两对运行轮悬挂在起吊大梁上，死绳轮和起吊轮均设在油缸体上，活塞杆端部设有增程滑轮，通过活塞杆的推力将井口设施吊起，起吊高度为活塞杆行程的2倍。油缸最大推力须大于200kN。

4.3.2.14 公母锥

底座上下层需定位时采用公母锥，一般母锥在上层，公锥在下层。公母锥可分为圆锥式和板式。

（1）圆锥式：其公锥由锥体和座体组成，锥体为一平截正圆锥体，其高一般取为50mm，锥度为1∶3，最小端圆直径≥ϕ50mm，锥座和大端连成一体，根据需要设成圆形或方形板。母锥和公锥相配套，其锥高应比公锥高5mm，它的外廓为圆柱体或正方体，相配合构件一般设置两套。

（2）板式：公母锥应采用厚度≥20mm的钢板，配合面正视为一梯形，其斜面锥度为1∶1.5，分别设在上下构件的两侧。一般配合构件最少设置四套。

4.3.2.15 专用连接件

（1）T型铁：带有T形槽的垫铁，铺设在绞车等设备的安装位置的底座上平面，它和螺栓、压板等配套，用于固定绞车等设备，配套螺栓为M30，T形槽有关尺寸参照GB/T 158选取，其长度一般取为300mm，材料取为ZG230-450H。

（2）搭扣：是连接底座与绞车等设备或底座的部件相互连接的一种连接件。其结构特征是将两个双耳座通过一个活接螺栓、压板、螺母连接在一起。两个双耳座分别配焊在两个被连接件上，两个双耳座可水平摆放，也可垂直摆放，所以使用比较方便。其规格按活接螺栓设定。底座一般采用两种规格，即M30、M36。活接螺栓的尾部和端部可参考GB/T 798进行设计，螺栓中间和尾部截面形状相同，即板式结构。

（3）连接头：4½in的钻杆接头已广泛地用于底座钻台，它不仅用于尾绳桩的连接，还用于钻台气动绞车、前门防护桩的连接。外接头焊在被连接设备的下部，内接头焊在钻台相应部位。该接头的材料一般取为Q235，内外接头具体结构如图4.9和图4.10所示（接头螺纹符合GB 9253.1的要求）。图4.9中外接头的尾端是与4½in的钢管相匹配的，还可根据需要自行设计尾部形式。

近些年来，也有连接头采用T形螺纹的，如图4.11和图4.12所示。由于其加工比英制螺纹简单而被广泛采用。图中尺寸ϕ97mm、ϕ152mm根据所选连接管调整。

图 4.9 内接头 Nc46

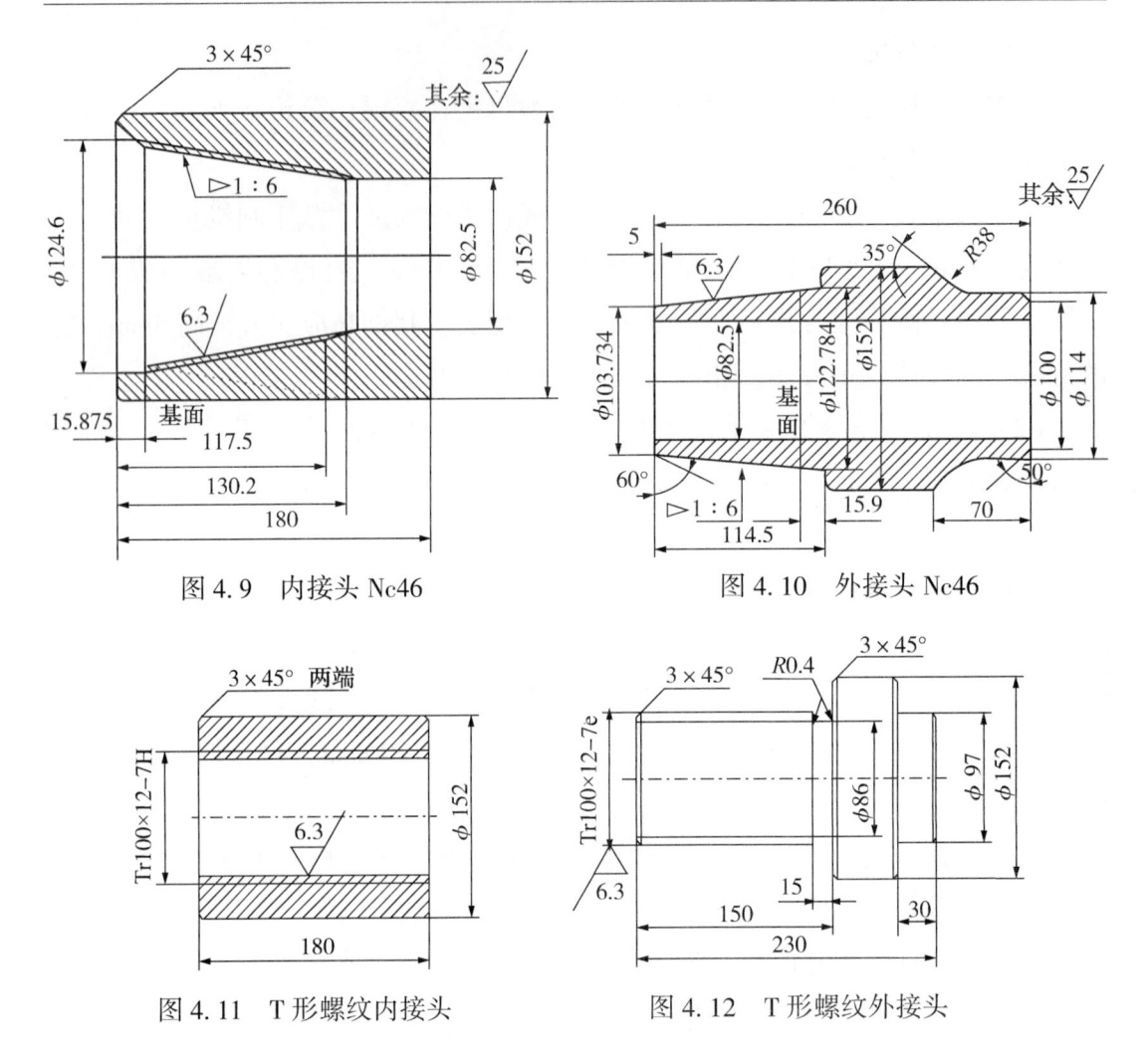

图 4.10 外接头 Nc46

图 4.11 T 形螺纹内接头

图 4.12 T 形螺纹外接头

4.3.2.16 前门防护桩

有左右两件，长度均为 1.5m，分别设在钻台前缘坡道的两侧，其作用有二：其一，拉钻具时，保护栏杆；其二，平时封闭前门，兼备栏杆的作用。它的下端采用图 4.10 所示的外接头，主体是 4½in 的钢管，在主体上设置三个套管，可在主体上转动，从钻台起每隔 450mm 设置一个套管。右(或左)侧三个套管上各焊一个链条，左(或右)侧三个套管上各焊一个挂链条的钩环。平时将链条挂在钩环上，封闭前门。当拉钻具时卸开挂钩，将链条和挂钩各转向防护桩的另一侧，以防钻具冲撞。

4.3.2.17 起吊设施

供起吊时挂钢丝绳的零件为起吊设施。

(1) 起吊桩结构尺寸详见表 4.8。

4 底座设计

（2）起吊耳结构尺寸详见表4.9。

表4.8 起吊桩结构尺寸

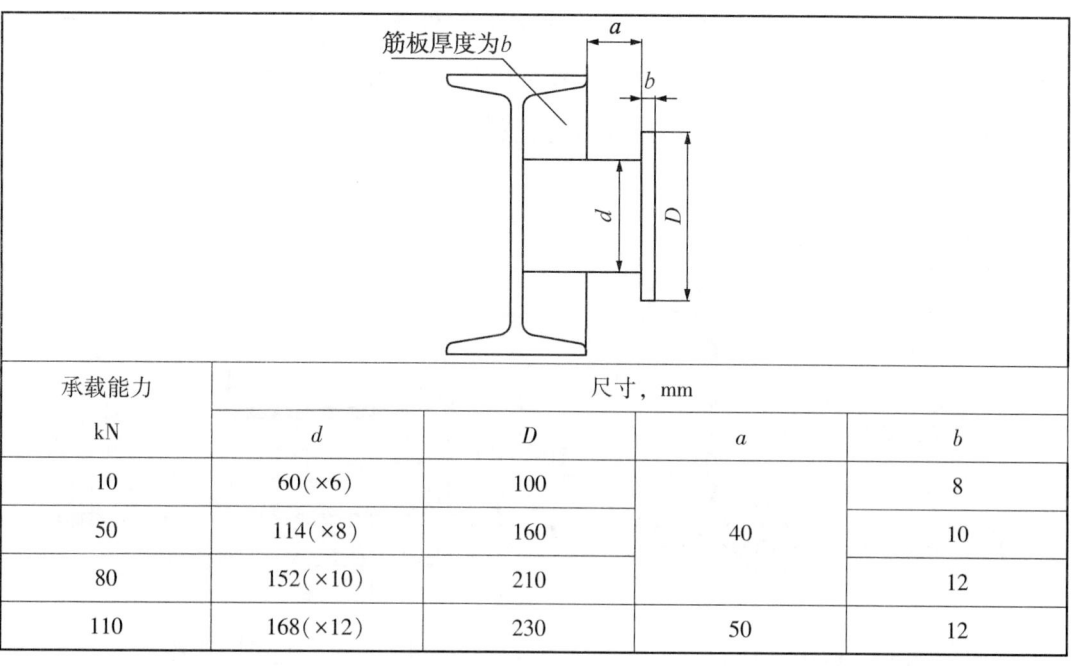

承载能力 kN	尺寸，mm			
	d	D	a	b
10	60(×6)	100	40	8
50	114(×8)	160	40	10
80	152(×10)	210	40	12
110	168(×12)	230	50	12

注：表中钢管及钢板材质均为Q235。

表4.9 起吊耳结构尺寸

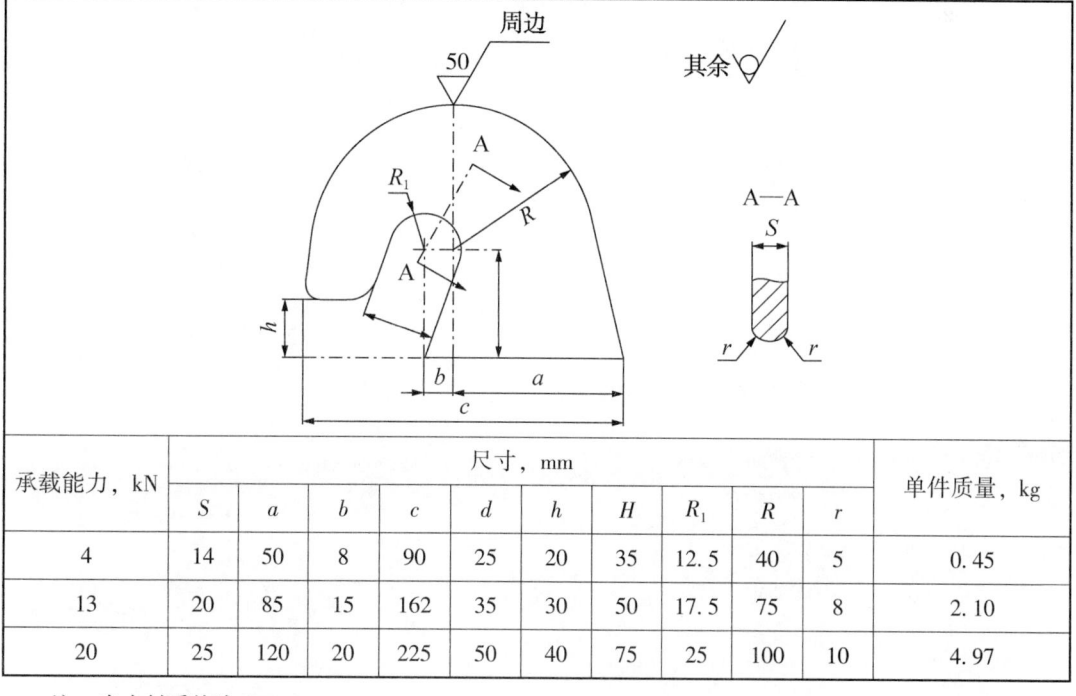

承载能力，kN	尺寸，mm										单件质量，kg
	S	a	b	c	d	h	H	R_1	R	r	
4	14	50	8	90	25	20	35	12.5	40	5	0.45
13	20	85	15	162	35	30	50	17.5	75	8	2.10
20	25	120	20	225	50	40	75	25	100	10	4.97

注：表中材质均为Q235。

(3) 起吊护管：如图 4.13 所示，护管由钢管 $\phi50\times6/Q235$ 和钢板 10/Q235 组成。若钢丝绳挂在单根工字钢上，4 个护管如图 4.13 分布。若钢丝绳挂在两根工字钢上，则 4 个护管分别分布在工字钢的外侧的翼板上。

(4) 起吊隐形环：如图 4.14 所示，该环用于钻台面铺台的起吊。其承载能力为 3kN。图中 b 根据具体结构确定，材质均为 Q235。

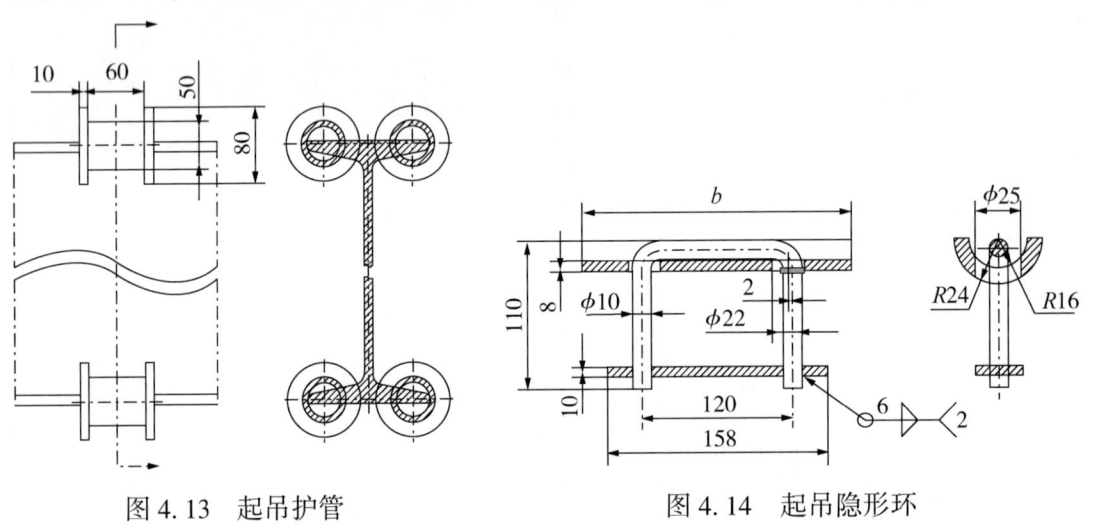

图 4.13　起吊护管

图 4.14　起吊隐形环

5 焊缝、标识及低温结构件

5.1 焊缝

5.1.1 焊缝最大尺寸和最小尺寸的规定

焊缝的尺寸是按照 API Spec 4F 第 4 版有关规定根据计算而确定的。

（1）角焊缝。

① 角焊缝最小高度见表 5.1。

表 5.1 角焊缝最小高度

母材厚度 T，mm	最小高度，mm	母材厚度 T，mm	最小高度，mm
$T \leqslant 6$	3	$12 < T \leqslant 20$	6
$6 < T \leqslant 12$	5	$20 < T$	8

② 角焊缝最大高度：当较薄母材厚度小于 6mm 时为较薄母材的厚度，当较薄母材厚度等于或大于 6mm 时，为较薄母材的厚度减 2mm。

③ 角焊缝最小长度应大于或等于 4 倍的角焊缝高度。

④ 坡口焊缝再加强的角焊缝高度应大于 1/4 较薄母材厚度，且应等于或小于 10mm。

（2）搭接纵焊缝：最小长度应大于或等于 5 倍的较薄件厚度尺寸。

（3）断续焊缝：对于受压或受拉的构件，连接两相互接触的型钢（或钢板）的断续焊缝，其最大的纵向间距应小于 300mm。

5.1.2 焊缝的标注原则

焊缝须按 GB/T 324—2008《焊缝符号表示法》的具体要求进行标注。

焊缝的标注应完整、明确，而且不使图样增加过多的注解。

5.1.3 常用焊缝的标注方法

详见表5.2。

表 5.2 常用焊缝标注方法

焊缝示意图	标注方法	备注
		k 为焊角高度尺寸，N 为相同焊缝数
		○表示环绕工件周围焊缝
		[表示三边带有焊缝
		S 为焊缝有效厚度
		β 为坡口角度
		α 为坡口角度，H 为坡口深度

续表

焊缝示意图	标注方法	备注
		R 为坡口根部半径，标注时 H、R 需保留，并在各自后边填写数字
		花纹钢板可采用

5.1.4 关键焊缝的标注方法

（1）在图样焊缝符号尾部标注"GJ"标记，例如 ：

（2）在同一图样技术要求中注明"GJ"表示关键焊缝，并写明"各关键焊缝按 AWS D1.1 要求进行无损探伤"。

5.2 API 有关规定的标识

5.2.1 图样标识

（1）API 会标的标识：一般在总图标题栏左下角加盖 API 会标章，若规范要求涉及产品部件或零件时，则须在部件或零件图标题栏左下角加盖 API 会标章。如果同一图号有几张图时，只在第一张图上加盖 API 会标章。

（2）API Spec 4F 规范版次及产品等级的标识：在总图的技术要求中须注明以下内容：

① 结构设计和制造所遵循的 API Spec 4F 规范及其版次。

② 产品等级 PSL1（或 PSL2 若适用的话）；

（3）关键件的标识：

① 在总图或部件图标题栏的序号前或备注栏内对关键件作标记"▲"。

② 在总图或部件图的技术要求中注出"▲"为关键件标记。

③ 在零件图的技术要求中注明"此件为关键件"并写明具体技术要求。

5.2.2 技术文件的标识

（1）API 会标的标识：技术文件封面的左上角须加盖 API 会标章。

（2）API Spec 4F 规范版次及产品等级的标识：在技术文件及合同中须注明以下内容：

① 结构设计和制造所遵循的 API Spec 4F 规范。

② 产品等级 PSL1（或 PSL2 若适用的话）。

5.2.3 铭牌的标识

（1）API 会标的标识：在产品铭牌的左上角设有 API 会标，其会标高度不小于 13mm。

（2）井架铭牌须有以下信息（参照 API Spec 4F 第 4 版）：

① 制造厂名称；

② 制造厂地址；

③ 制造日期（包括年月）；

④ 出厂编号；

⑤ 井架高度（m）；

⑥ 最大钩载（kN）：应注明游动系统绳数和绷绳（如果有）；

⑦ 在地面之上 10m 的参考高度，3s 阵风，带有绷绳（如适用），排放额定容量立根时的最大额定设计风速，m/s；

⑧ 地面之上 10m 参考高度，3s 阵风，带有绷绳（如适用时），不排放立根时的最大额定设计风速，m/s；

⑨ 结构设计和制造所遵循的 API Spec 4F 规范；

⑩ 制造厂的绷绳图(对于所适用的结构);

⑪ 铭牌上应有以下警示说明字样(注意:加速度、冲击、排放立根或风载将降低最大钩载);

⑫ 制造厂的载荷分布图(可以放在井架设计计算书中);

⑬ 画出最大钩载—风速的关系图;

⑭ 有绷绳的轻便井架的安装图;

⑮ PSL2(如果适用);

⑯ 附加要求 SR(如果适用)。

(3) 底座铭牌须有以下信息(参照 API Spec 4F 第 4 版):

① 制造厂名称。

② 制造厂地址。

③ 制造日期(包括年月)。

④ 出厂编号。

⑤ 最大转盘载荷。

⑥ 额定立根容量。

⑦ 最大转盘载荷和额定立根载荷的最大组合。

⑧ 以下方面的内容适用于支承塔形井架或桅杆式井架的底座:

a. 最大额定设计风速,m/s,在平均海平面或地面之上 10m 高度,3s 阵风,带有绷绳(如适用),排放额定容量的立根;

b. 最大额定设计风速,m/s,在平均海平面或地面之上 10m 高度,3s 阵风,带有绷绳(如适用),不排放立根;

c. 风载设计所用的平均海平面或地面之上的底座基本高度,m。

⑨ 结构设计和制造所遵循的 API Spec 4F 规范。

⑩ PSL2(如果适用)。

⑪ 附加要求 SR(如果适用)。

5.3 产品有关标识

5.3.1 产品零部件的标识

(1) 井架、底座等钢结构产品的所有解析个体构件均须有零部件标志牌。

(2) 总图技术要求中须标明："每一解析个体构件均须有标志牌，其规格为 100×30×4/Q235A 的扁钢，用 12 号钢字头打上标记，焊在构件图样规定部位，并在其上涂以红色油漆。"

(3) 在解析个体结构图样中将标志牌"$\boxed{\begin{array}{c}\text{xxx-xxxx}\\\text{xx-xx}\end{array}}$"用指引线指向构件的明显位置。

(4) 标记内容：

① 上一行为构件编号：

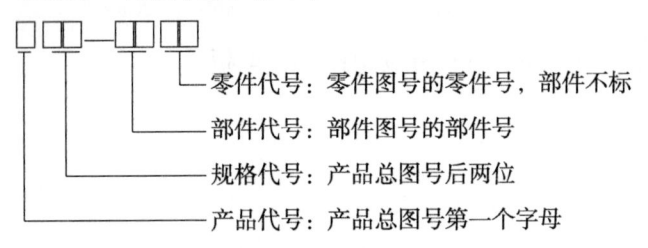

```
□□□-□□
      └── 零件代号：零件图号的零件号，部件不标
    └──── 部件代号：部件图号的部件号
  └────── 规格代号：产品总图号后两位
└──────── 产品代号：产品总图号第一个字母
```

② 下一行为产品当年生产顺序号：

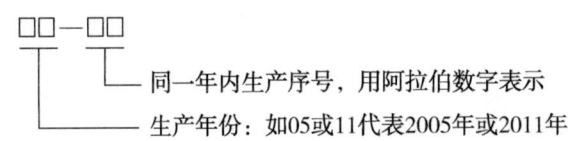

```
□□-□□
    └── 同一年内生产序号，用阿拉伯数字表示
  └──── 生产年份：如05或11代表2005年或2011年
```

注：构件图样中只填上一行，下一行由生产部需要时通知生产单位打印。

5.3.2 安装标记

对同一图号的每个部件其形状对称而又不能掉头安装的部件，在成对组焊合格后，拆卸前须在相应的连接部位设置一一对应的成对安装标记牌。该构件所在的总图和部件图(如果有)的技术要求中须注明该构件安装标记牌的具体要求。

5.4 低温井架、底座及天车选材

为了使结构件适用于-40℃的低温工作环境，须考虑以下 4 个方面：材料的选用、设计及制造工艺的改进、搬运的要求和保温设施。

5.4.1 低温材料的选用

主要承力件的材料须能在-30℃至-40℃的低温环境下有效的工作。

5 焊缝、标识及低温结构件

5.4.1.1 低温结构件工作环境分析

对低温结构件所用的材料,如果全部选用耐低温的材料,无疑是可以满足低温钻机的使用要求的。但低温材料价格相应地比较高,而且温度越低,对应材料的价格越高。如果单从全部选用耐低温材料来解决低温钻机的有限工作,则会大幅度的提高结构件的成本。所以我们必须再从结构件的工作环境进行分析:人员操作的地方,要有适宜的工作小环境,这些小环境均需要有保温措施,这些保温措施可将小范围内的温度控制在-10℃到3℃以内。所有常规设备均可在此温度范围内正常工作。对于井架底座来说,小环境一般指钻台、后台、二层台。

通过以上分析我们可以得到选用低温钻机材料的一个原则,即只对露天工作的设备以及无法搭建保温棚(如井架、天车等)的部件采用低温材料,对于可搭建保温棚的底座只对主要受力件采用低温材料,同时对钻机搬迁、安装、拆卸过程中由于吊装和井架起升中受力较大的部件也采用低温材料。

5.4.1.2 耐低温钢性能要求和选用

钢材一般分为结构钢和调质钢。

(1) 钢材的性能:钢材的机械性能有三个方面。

① 强度:强度是用屈服极限$\sigma_s(F_y)$和强度极限$\sigma_b(F_u)$来表示。σ_s与σ_b其值越高,材料的强度越大。

② 塑性:用材料的延伸率δ和断面收缩率ψ表示,它们的值越大则材料的塑性越好。

③ 韧性:用材料的冲击韧性值A_{kU}来表示,A_{kU}为U形切口的夏比值,A_{kU}越高,韧性越好,耐低温性能越好。

一般钢材强度越高,含碳量越高,但含碳量越高,材料的韧性越低,对于耐低温材料要求既要强度高,又要韧性好,即是综合性能好。这就对钢材提出了更高的要求:其一,降低含碳量以增加韧性;其二,添加合金元素,如V、Ni、Si以提高钢材的综合性能;第三,降低P、S含量,控制杂质以细化晶粒,提高材料的韧性。

(2) 用钢的最优值:由于以上要求的差别,则各种钢材耐低温的优劣也有较大的差别,即使同种钢也分了若干个级别,如Q345,就分为A、B、C、D、E五个级别。我们如何根据具体要求来选用钢材,这就引出了一个用钢最优值的问题。

5.4.1.3 结构钢选用

常用 Q235 和 Q345 两种结构钢。

（1）结构钢的适用温度及冲击值见表 5.3。

表 5.3 结构钢的适用温度和冲击值

结构钢种类	级别	适用温度 t,℃	冲击值 A_K, J
Q235	A	—	—
	B	20	27
	C	0	27
	D	−20	27
Q345	A	—	—
	B	20	34
	C	0	34
	D	−20	34
	E	−40	27

（2）板材厚度对适用温度的影响：板材随厚度的增加耐低温性能越来越差，所以在选用较厚的板材时，应充分注意这一点。船舶在低温下选择钢材时对应考虑厚度的要求见表 5.4。

表 5.4 钢材等级的选择

钢板厚度, mm	不同最低设计温度一般强度结构钢钢材等级			不同最低设计温度高强度结构钢钢材等级		
	0~−10℃	−10~−25℃	−25~−40℃	0~−10℃	−10~−25℃	−25~−40℃
$t \leqslant 12.5$	B	D	E	A32 A36	D32 D36	E32 E36
$12.5 < t \leqslant 25.5$	D	E	特殊考虑	D32 D36	E32 E36	特殊考虑
$t > 25.5$	E	—	特殊考虑	E32 E36	—	特殊考虑

（3）API Spec 8C 对低温冲击值的规定：当温度低于−20℃时主要材料的冲

击值由买方规定，对于A370最小冲击值为20J。

（4）对于结构钢Q235在-40℃时我们取其中冲击值为20J即可。对于Q345在-40℃时取E级，冲击值为27J即可，对于钢板$t \geqslant 25mm$以上者需热轧正火处理，所有钢材需用镇静钢。

5.4.1.4 调质钢选用

调质钢淬火后进行500~680℃的高温回火，可获得强度、塑性、韧性都较好的综合性能，钻机中选用的轴及销轴均为调质钢。其选取一般考虑以下几个方面。

（1）与钢材的品种有关：合金钢优于碳素钢，高合金钢优于一般合金钢，因为高合金钢的淬透性、回火稳定性好，调质处理后能保证沿整个截面具有高强度和高韧性的匹配，获得好的综合机械性能，且能减少淬火变形，避免开裂。一般情况下，淬透性越好，材料调质处理后获得的综合机械性能越好，韧性越高，抗低温性能越好。回火稳定性好的钢，可在较高的温度回火使韧性增加，内应力消除完善，且强度指示损失小。这就是高合金钢如40CrNiMo的优越性。几种常用钢种的临界淬透直径见表5.5。

表5.5 几种常用钢种的临界淬透直径

钢号	$D_{c水}$，mm	$D_{c油}$，mm	心部组织马氏体占比,%	钢号	$D_{c水}$，mm	$D_{c油}$，mm	心部组织马氏体占比,%
45	10~18	6~8	50	40CrMnMo	60~100	28~60	50
60	20~25	9~15	50	50CrVA	—	~50	—
40Mn	18~38	10~18	50	60Si2CrVA		50	
35Mn2	~40	~20	50	38CrMoA1A		30	
40Cr	20~36	12~24	50	T8~T12	15~18	5~7	95
40CrMn	32~48	10~30	50	GCr15	—	30~35	95
35CrMo	42~65	18~42	50	9CrSi		40~50	95
18CrMnTi	32~50	12~30	50	Cr12	—	200	90
30CrMnSi	70~90	32~70	50	CrWMn		40~50	95

（2）与零件的尺寸大小有关：同一种钢材，零件尺寸越大，内部热容量越大，淬火时零件冷却的速度越慢，因此，淬透性越薄（差）其性能越差。例如，

同样的 40Cr 钢调质后,当直径为 30mm 时 $\sigma_b \geq 900\text{N}/\text{mm}^2$,直径为 120mm 时 $\sigma_b \geq 750\text{N}/\text{mm}^2$,直径为 240mm 时 $\sigma_b \geq 650\text{N}/\text{mm}^2$,这种现象叫钢材的尺寸效应。但是淬透性大的钢,尺寸效应不明显。表 5.6 是几种常用调质钢在调质处理时尺寸与强度的关系,以供参考。

表 5.6 调质处理结构钢的钢号选择

有效表面尺寸,mm	Q40 (HB187~237)	Q50 (HB217~267)	Q60 (HB240~276)	Q70 (HB269~302)	Q80 (HB287~323)
≤25	45	45	45	35CrMo	35CrMo
>25~50	45	45	35CrMo	35CrMo	35CrMo
>50~75	45	35CrMo	35CrMo	35CrMo	35CrMo
>75~100	45	35CrMo	35CrMo	35CrMo	35CrMo
>100~125	45	35CrMo	35CrMo	35CrMo	35CrMo
>125~150	45	35CrMo	35CrMo	35CrMo	42CrMo
>150~175	45	35CrMo	35CrMo	35CrMo	42CrMo
>175~200	35CrMo	35CrMo	35CrMo	42CrMo	40CrNiMo
>200~250	35CrMo	35CrMo	35CrMo	40CrNiMo	40CrNiMo
>250~300	35CrMo	35CrMo	42CrMo	40CrNiMo	40CrNiMo

注:① Q40~Q80 表示强度级,强度级以屈服点 σ_s,如 Q50 表示屈服点 $\sigma_s \geq 50\text{kgf}/\text{mm}^2$(490MPa)。
② 表中数据均为纵向性能。

(3) 调质钢的冲击韧性值。一般常用材料的机械性能见表 5.7。

表 5.7 常用材料的机械性能

屈服强度		最小延伸率,%		冲击韧性值 A_{ku},J
MPa	ksi	$L_0 = 4d$	$L_0 = 5d$	
<310	<45	23	20	20
310~517	45~75	20	18	42
>517~758	>75~110	17	15	42
>758	>110	14	12	

注:表中 L_0 标距,d 是直径。

5.4.1.5 材料的具体选用

(1) 天车受力件全部采用适合 -40℃ 的低温材料制造,天车轴采用

40CrNiMo，天车架选用Q345E。

（2）井架全部采用适合的耐低温材料，主体采用Q345E，销轴采用40CrNiMo，其余销轴均采用35CrMo，但-40℃的冲击韧性值须不小于42J。

（3）底座下基座及人字架、转盘梁、立根梁及转盘梁和立根梁对应的支腿均须采用Q345E或Q235（在-40℃时冲击韧性值不小于20J），关键件销轴（转盘梁连接销、立根台连接销、人字架连接销、井架连接销）均采用40CrNiMo，其余销轴采用35CrMo（但-40℃的冲击韧性值须不小于42J）。

（4）所有钢丝绳润滑脂必须满足-40℃低温工况。

5.4.2 设计及制造

低温环境操作人员工作十分困难，设计必须考虑井架底座在低温下的快速安装，最大限度为现场工作人员提供操作方便条件。

5.4.2.1 设计

（1）底座各大块之间设置定位块和导向装置。

（2）天车和井架连接处设置侧挂定位块装置。

（3）井架各段及背横应设置安装方便的设置，如导向板，悬挂板等。

（4）增大井架笼梯的通过直径，方便井架工厚穿棉衣上下，底座的各类走台最小尺寸应增大至700mm。

（5）在天车上增设电视监控摄像头和自动加注黄油系统，减少井架工上天车的次数。

（6）凡汽、油、水、钻井液等易结冻液体流经的管线、容腔、滤芯、拐角处均须考虑清理措施，如采用放空和吹干的办法。

（7）电缆、空气和液管等接头均采用快速接头。

5.4.2.2 制造

（1）提高焊缝质量，清除内应力。

（2）尽量减少零件的微观缺口和缺陷，如表面切割缺陷、碰伤缺陷，均应补焊后打磨光滑，还有锈蚀缺陷，不用中度以上锈蚀钢材。

（3）零部件防锈处理，尽量采用镀锌，慎用磷化，以避免钢材的P、S成分增加，降低钢材的韧性冲击值。

（4）井架支脚，人字架支脚等关键焊缝应做内力消除退火处理。

5.4.3 搬运要求

在俄罗斯高寒地带钻井，井架底座有可能要用直升机吊运，飞机的限重量为20t，因此我们在作运输模块设计时，单元重量应不大于19t，起吊悬挂装置的设计要找准重心，防止脱绳，而且要挂绳方便。

5.4.4 保温设施

高寒地带在井架底座工人经常操作的地方均须有可靠的保温设施，一般包括：挡风墙、热风机和管线保温。

挡风墙：用于钻台、二层台挡风，保温。

管线保温：一般指管线作伴热管对其结构保温，另外管线外圈加保温层对自身进行保温。

5.4.5 数据册

若采购方规定，制造商应在数据手册中对记录加以编制、收集和进行适当地整理。每一产品的数据手册，至少应包括下列信息：

（1）符合性声明；

（2）设备名称和(或)编号；

（3）(总)装配图和关键区域图；

（4）公称能力和额定值；

（5）零部件清单；

（6）追溯代码和追溯系统(标志在零部件上和(或)记录在文件中)；

（7）钢号；

（8）热处理记录；

（9）材料试验报告；

（10）NDE记录(无损检测报告)；

（11）性能试验记录，包括静水压和载荷功能试验证明书(如适用)；

（12）SR证明书(如要求)；

（13）焊接工艺规范和焊接工艺评定记录；

（14）说明书。

6 设计计算的安全系数和允许应力

API Spec 4F 第 4 版规定钢结构的设计采用 AISC 335-89 允许应力法设计(即弹性设计法),并未规定结构的疲劳计算。

允许应力设计法的原则为结构的任何部位的名义应力 f 都不得超过允许应力 F[1],即 $f \leqslant F$。允许应力 F 一般为材料的屈服极限 F_y 除以安全系数 n,即

$$F = \frac{F_y}{n} \tag{6.1}$$

6.1 安全系数

安全系数为设计抵抗力与设计载荷之比,结构的最小抵抗力必须大于最大载荷,即:

$$R - C_1 R \geqslant P + C_2 P \tag{6.2}$$

式中 R——设计抵抗力;

P——设计载荷;

C_1——抵抗力变异系数($0 < C_1 < 1$);

C_2——载荷变异系数($0 < C_2 < 1$)。

由不等式(6.2)可导出安全系数 n。

$$n = \frac{R}{P} = \frac{1 + C_2}{1 - C_1}$$

C_1、C_2 是根据以往的经验确定的,对材料和截面的变异、次应力、残余应力等给予适当的考虑,因此安全系数也包含上述因素。

---

[1] 石油钻机井架、底座按 API Spec 4F 设计计算,此章所用物理量符号保留和 API 标准一致。和国内习惯用法不一致,请读者注意。

6.2 允许应力

API Spec 4F 第 4 版对允许应力的规定包括两部分,即一般规定和特殊规定。除特殊规定以外均采用一般规定。

6.2.1 一般规定

AISC 335-89 规范中对允许应力的规定称一般规定,该规范对材料的拉伸、剪切、压缩、弯曲等应力有明确的规定,详见以后章节中允许应力的计算。

6.2.2 特殊规定

API Spec 4F 第 4 版对于一般规定之外的要求称特殊规定。

(1) 对于除地震载荷外的所有载荷,当把计算的次应力增加到独立构件的主应力时,允许应力可增加 20%,但主应力不得超过允许应力。

(2) 在运输条件下,如果采购方规定,允许应力可增加 1/3(如考虑次应力还可增加)。

(3) 对于预期和非预期的风暴设计条件,当由风载荷、动力载荷单独作用或与静载荷和动力载荷联合作用时,允许应力可增加 1/3(如考虑次应力还可增加)。

(4) 钢丝绳总成的允许应力为钢丝绳破断拉力除以 2.5。

(5) 天车轴,其允许弯曲应力为屈服强度除以 1.67。

(6) 井架和底座的起升油缸应按 AISC 组合弯曲应力设计。

(7) 天车滑轮和轴承的允许应力按 API Spec 8C 设计。

7 连 接 计 算

7.1 井架及底座连接方法

石油钻机井架和底座均系高大结构设备，由于运输条件限制，只能将其设计成若干个大块或构件。这些大块或构件的内部连接一般采用焊接，而大块或构件之间的连接则要通过销轴耳板或螺栓来连接。因此，其连接方法一般分为螺栓连接、销轴耳板连接和焊接连接三种方法。

7.2 螺栓连接计算

7.2.1 允许应力

为了比较方便地求出各种材料螺栓及被连接件的允许应力，本书根据美国《AISC 建筑用结构钢设计制造与安装规范》有关规定采用了以螺栓和被连接材料的最小屈服极限 $\sigma_{0.2}$ 和最小强度极限 σ_b 为函数定义允许应力的方法。

7.2.1.1 螺栓

（1）允许拉应力 F_T：

$$F_T = 0.33\sigma_b \tag{7.1}$$

（2）允许剪应力 F_V：

① 承压型：

$$F_{V1} = 0.17\sigma_b \quad \text{螺纹通过剪力面} \tag{7.2}$$

$$F_{V2} = 0.22\sigma_b \quad \text{螺纹未通过剪力面} \tag{7.3}$$

② 摩擦型：

$$F_{V3} = K_1 \times \frac{K_\text{表}}{0.35} \times 0.17\sigma_b \tag{7.4}$$

式中 K_1——螺孔形状系数(对于标准孔 $K_1=1$,对于放大孔及短槽孔 $K_1=0.85$;对于长槽孔 $K_1=0.7$;

$K_\text{表}$——表面条件系数,详见表7.1。

表7.1 表面条件系数表

类别	螺栓连接零件的表面条件	$K_\text{表}$
A	清洁的轧制氧化皮	0.35
B	喷砂后的碳钢与低合金钢	0.55
C	喷砂后的淬火与退火钢	0.38
D	热浸锌后打毛	0.43
E	喷砂后涂有机富锌漆	0.42
F	喷砂后涂无机富锌漆	0.59
G	喷砂后镀锌	0.59
H	喷砂后镀铝	0.6
I	乙烯洗涂	0.33

上述允许剪应力均属单剪,对于双剪须再乘以2。

7.2.1.2 被连接件

(1) 允许拉应力 $F_\text{t板}$:

$$F_\text{t板} = 0.6\sigma_{0.2} \quad 毛截面 \tag{7.5}$$

(2) 允许剪应力 $F_\text{V板}$:

$$F_\text{V板} = 0.3\sigma_\text{b} \quad 净截面 \tag{7.6}$$

(3) 允许弯曲应力 F_b:

$$F_\text{b} = 0.66\sigma_{0.2} \tag{7.7}$$

(4) 允许承压应力 F_p:

$$F_\text{p} = 1.35\sigma_{0.2} \tag{7.8}$$

7.2.2 抗剪螺栓连接计算

7.2.2.1 螺栓受力计算

(1) 承受轴心剪力的连接螺栓。

7 连接计算

对于螺栓群轴心剪力引起的单个螺栓之间的剪力实际分布是变化的,当螺栓数量多而且连接长度大时就明显存在螺栓受力不均的问题。其分布是两端螺栓受力最大,中间偏小,如图7.1所示。

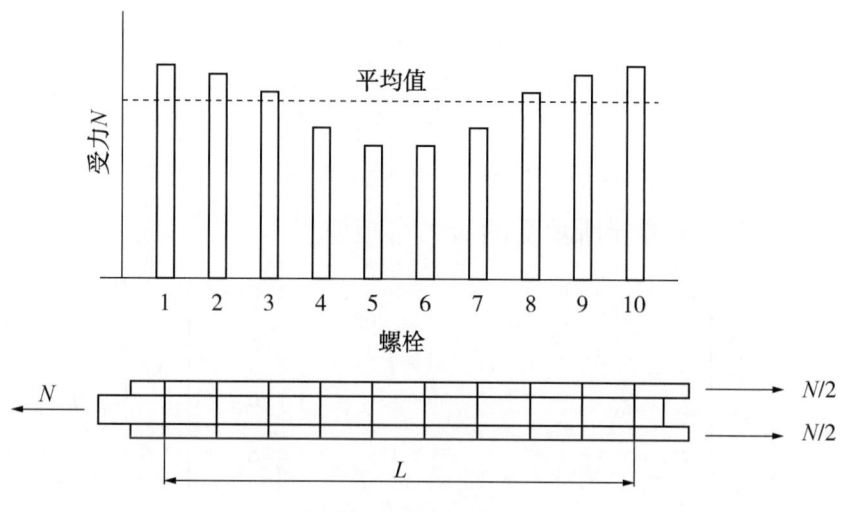

图7.1 长连接中螺栓内受力分布情况

对于单个螺栓的受力应按最大者(即端部螺栓)计算,其方法是将受力平均值除以一个不大于1的系数:

$$R_{\text{vmax}} = \frac{N}{n} \cdot \frac{1}{\beta} \tag{7.9}$$

式中 R_{vmax}——端部螺栓承受的剪力;

n——螺栓个数;

β——系数(当 $L \leq 15d_0$ 时,$\beta = 1$;当 $15d_0 < L \leq 60d_0$ 时,$\beta = 1.1 - \dfrac{L}{150d_0}$;当 $L > 60d_0$ 时,$\beta = 0.7$);

L——连接中最外边两孔"或两排孔"中心距;

d_0——孔径。

(2)承受双向剪力的连接螺栓:参考图7.2,螺栓受力为:

$$R_v = \sqrt{\left(\frac{N_x}{n\beta_x}\right)^2 + \left(\frac{N_y}{n\beta_y}\right)^2} \tag{7.10}$$

式中 N_x、N_y——分别为 x 轴和 y 轴方向的剪力;

β_x、β_y——分别为 x 轴和 y 轴方向的系数,其定义与公式(7.9)中相同。

（3）承受弯矩作用的连接螺栓：参考图7.3，螺栓受力为：

$$R_{Mvi} = \frac{Mr_i}{\sum (x_i^2 + y_i^2)} \tag{7.11}$$

$$R_{Mvmax} = \frac{Mr_{max}}{\sum (x_i^2 + y_i^2)} \tag{7.12}$$

式中 R_{Mvi}——不同位置一个螺栓承受的弯矩剪力；

R_{Mvmax}——一个螺栓所承受的最大弯矩剪力。

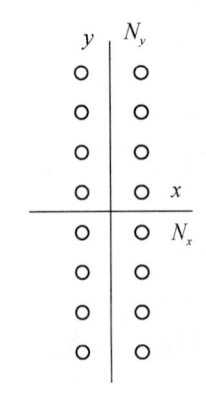

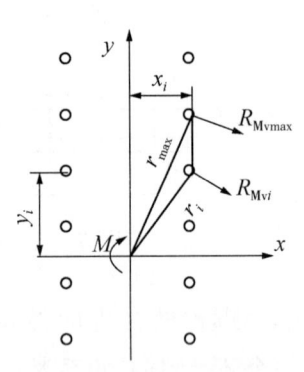

图7.2 承受双向剪力连接螺栓分布　　图7.3 承受弯矩作用连接螺栓受力分析

（4）承受单向剪力及弯矩作用的连接螺栓，参考图7.4，螺栓受力为：

$$R_{Mxvmax} = \frac{My_{max}}{\sum (x_i^2 + y_i^2)}$$

$$R_{Myvmax} = \frac{Mx_{max}}{\sum (x_i^2 + y_i^2)}$$

$$R_{yv} = \frac{N_y}{n\beta_y}$$

$$R_{vmax单} = \sqrt{R_{Mxvmax}^2 + (R_{Myvmax} + R_{yv})^2} \tag{7.13}$$

式中 $R_{vmax单}$——一个螺栓所承受的最大合成剪力；

R_{Mxvmax}——一个螺栓在 x 轴方向所承受的最大弯矩剪力；

R_{Myvmax}——一个螺栓在 y 轴方向所承受的最大弯矩剪力；

R_{yv}——一个螺栓所承受的轴心剪力。

（5）承受双向剪力及弯矩作用的连接螺栓，参考图7.5，螺栓受力为：

$$R_{Mxvmax} = \frac{M_{ymax}}{\sum(x_i^2 + y_i^2)}$$

$$R_{Myvmax} = \frac{M_{xmax}}{\sum(x_i^2 + y_i^2)}$$

$$R_{yv} = \frac{N_y}{n\beta_y}$$

$$R_{xv} = \frac{N_x}{n\beta_x}$$

$$R_{vmax双} = \sqrt{(R_{Mxvmax} + R_{xv})^2 + (R_{Myvmax} + R_{yv})^2} \qquad (7.14)$$

式中 $R_{vmax双}$——一个螺栓在承受双向剪力及弯矩作用时的最大合成剪力。

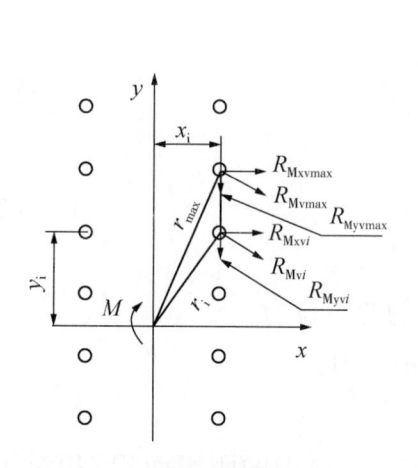

图 7.4 承受单向剪力及弯矩作用连接螺栓受力分析

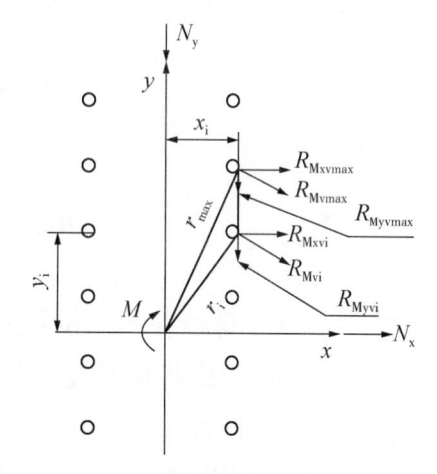

图 7.5 承受双向剪力及弯矩作用连接螺栓受力分析

7.2.2.2 强度计算

抗剪螺栓的强度条件是名义应力 f_v 必须小于或等于允许剪应力 F_v 即：

$$f_v = \frac{R_v}{\frac{\pi d^2}{4}} \leqslant F_v \qquad (7.15)$$

式中 R_v——一个螺栓的名义剪力[分别为公式(7.9)中的R_{vmax}，公式(7.10)中的R_v；公式(7.12)中的R_{Mvmax}；公式(7.13)中的$R_{vmax单}$；公式(7.14)中的$R_{vmax双}$]；

d——螺栓的公称直径。

7.2.3 抗拉螺栓连接计算

7.2.3.1 螺栓受力计算

（1）承受轴心拉力的连接螺栓（参考图7.6）。

$$R_t = \frac{Q}{n} \tag{7.16}$$

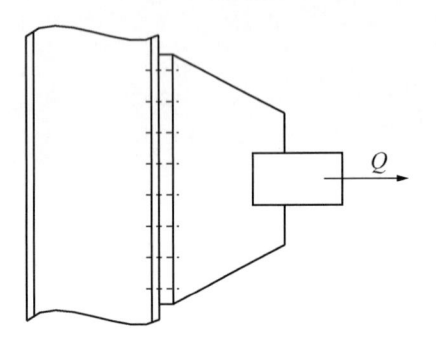

图7.6 承受轴心拉力的连接螺栓受力分析

式中 R_t——一个螺栓所承受的拉力；

Q——轴心拉力。

（2）承受弯矩作用的连接螺栓（参考图7.7）。

$$R_{Mti} = \frac{M y_i}{\sum y_i^2} \tag{7.17}$$

$$R_{Mtmax} = \frac{M y_{max}}{\sum y_i^2} \tag{7.18}$$

式中 R_{Mti}——一个螺栓在不同位置所承受的弯矩拉力；

R_{Mtmax}——一个螺栓所承受的最大弯矩拉力；

x_0-x_0——中性轴。

为了假定中性轴位置x，有效面积[图7.7(a)中的阴影面积]相对于中性轴的静距之和被写成等于零，受压面积的有效宽度由b简化为$\frac{5}{8}b$[如公式(7.19)]，求解此方程式中的x值并与假定值相比较，如果x值位于所假定值的同一对螺栓之间，则即为正确位置，否则还须重新计算。

$$2A_s \sum_{i=1}^{n} y_i = \frac{5}{8} b \times \frac{x^2}{2} \tag{7.19}$$

式中 A_s——顶部螺栓的应力面积。

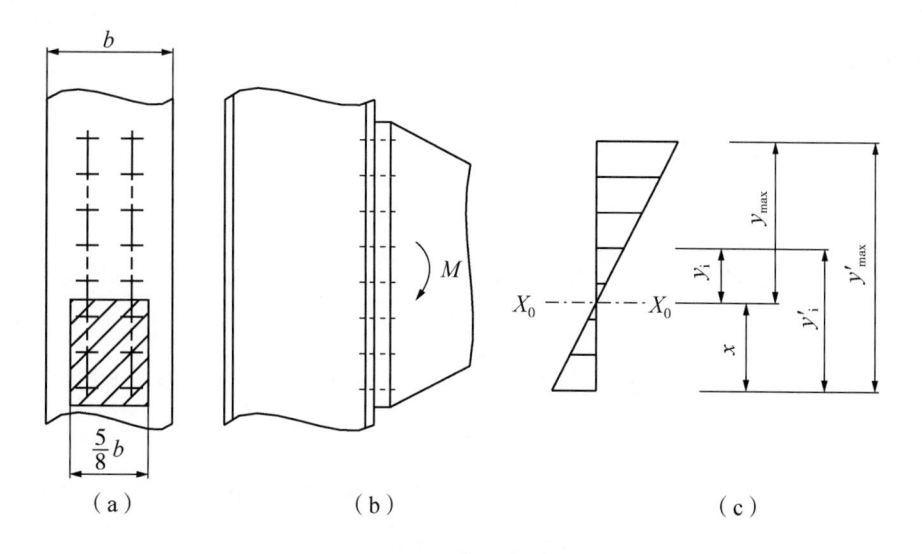

图 7.7 承受弯矩作用连接螺栓受力分析

（3）承受轴心拉力 Q 弯矩作用的连接螺栓（参考图 7.8）。

$$R_t = \frac{Q}{n}$$

$$R_{Mtmax} = \frac{M y_{max}}{\sum y_i^2} \quad (7.20)$$

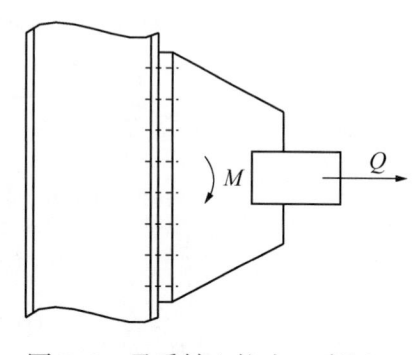

$$R_{tmax} = R_t + R_{Mtmax} \quad (7.21)$$

图 7.8 承受轴心拉力 Q 弯矩作用连接螺栓受力分析

7.2.3.2 强度验算

抗拉螺栓的强度条件是名义应力 f_t 必须小于或等于允许拉应力 F_t，即：

$$f_t = \frac{R_t}{\pi d^2/4} \leqslant F_t \quad (7.22)$$

式中 R_t——一个螺栓的名义拉力[分别为公式(7.16)中的 R_t，公式(7.18)中的 R_{Mtmax}；公式(7.21) R_{tmax}]；

d——螺纹的公称直径。

$$F_t = 0.8 \times 0.33\, \sigma_b$$

0.8为考虑到撬力在内的折减系数,如果被连件厚大于2倍的螺栓直径则可以不乘0.8。

7.2.4 抗剪、抗拉组合螺栓连接计算

7.2.4.1 螺栓受力计算

井架及底座设计计算均采用有限元分析计算来完成,各杆件按梁单元计算,可提供以下结果:各单元在其局部坐标下,I、J端点分别在六个自由度方向承受的力、弯矩及考虑弯曲在内的四个方向的应力值等,参考图7.9。

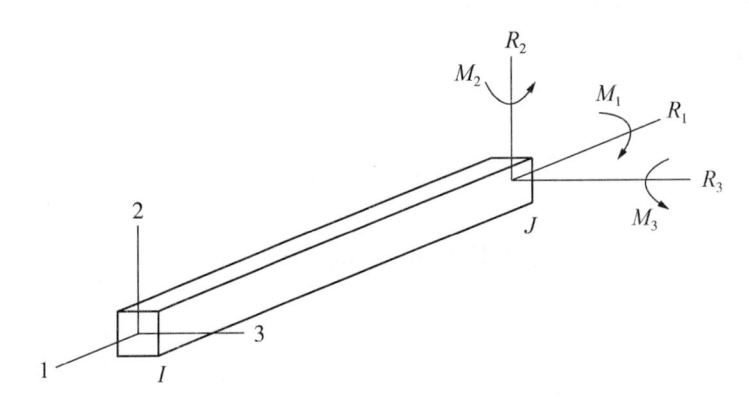

图7.9 井架及底座各杆件按梁单元计算

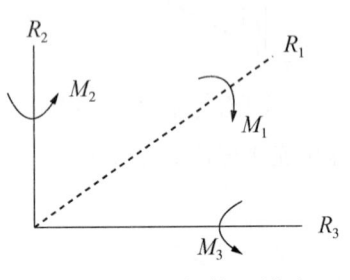

图7.10 杆件J端点螺栓受力分析

如果取一个端点进行分析,例如J端点(参考图7.10)的连接螺栓,不管从什么方向连接,均要承受一个拉力、两个剪力、一个扭矩、两个弯矩的作用。

若假设R_1为轴心拉力,则M_1为扭矩;R_2、R_3分别为两个互相垂直的双向剪力;M_2、M_3分别为引起拉力的两个弯矩。通过这些已知条件可求出螺栓所承受的剪力和拉力。

(1)剪力计算:可用公式(7.9)~公式(7.14)推导出以下载荷条件下单个螺栓的最大剪力公式。

① R_2、R_3为双向剪力,M_1为一个引起剪力的弯矩的合成剪力R_{vmax1}:

$$R_{vmax1} = \sqrt{\left(R'_{M_2vmax}+\frac{R_2}{n}\right)^2 + \left(R'_{M_3vmax}+\frac{R_3}{n}\right)^2} \qquad (7.23)$$

式中　$R'_{M_2\text{vmax}}$——M_1在坐标轴2方向引起的单个螺栓的最大剪力；

$R'_{M_3\text{vmax}}$——M_1在坐标轴3方向引起的单个螺栓的最大剪力。

② R_1、R_3为双向剪力，M_2为一个引起剪力的弯矩的合成剪力$R_{\text{vmax}2}$：

$$R_{\text{vmax}2} = \sqrt{\left(R''_{M_1\text{vmax}}+\frac{R_1}{2}\right)^2+\left(R''_{M_3\text{vmax}}+\frac{R_3}{n}\right)^2} \quad (7.24)$$

式中　$R''_{M_1\text{vmax}}$——M_2在坐标轴1方向引起的单个螺栓的最大剪力；

$R''_{M_3\text{vmax}}$——M_2在坐标轴3方向引起的单个螺栓的最大剪力。

③ R_1、R_2为双向剪力，M_3为一个引起剪力的弯矩的合成剪力$R_{\text{vmax}3}$：

$$R_{\text{vmax}3} = \sqrt{\left(R'''_{M_1\text{vmax}}+\frac{R_1}{n}\right)^2+\left(R'''_{M_2\text{vmax}}+\frac{R_2}{n}\right)^2} \quad (7.25)$$

式中　$R'''_{M_1\text{vmax}}$——M_1在坐标轴1方向引起的单个螺栓的最大剪力；

$R'''_{M_2\text{vmax}}$——M_3在坐标轴2方向引起的单个螺栓的最大剪力。

（2）拉力计算：可用公式(7.16)~公式(7.21)推导出以下载荷条件下单个螺栓的最大拉力公式(参考图7.10)。

① 轴心拉力R_1与产生同轴向拉力的弯矩M_2、M_3所合成的拉力$R_{\text{tmax}1}$。

$$R_{\text{tmax}1} = \frac{R_1}{n}+R'_{M_2\text{tmax}}+R'_{M_3\text{tmax}} \quad (7.26)$$

式中　$R'_{M_2\text{tmax}}$、$R'_{M_3\text{tmax}}$——分别为M_2、M_3对同一个螺栓产生的最大拉力。

② 轴心拉力R_2与产生同轴向拉力的弯矩M_1、M_2所合成的拉力$R_{\text{tmax}2}$。

$$R_{\text{tmax}2} = \frac{R_2}{n}+R''_{M_1\text{tmax}}+R''_{M_3\text{tmax}} \quad (7.27)$$

式中　$R''_{M_1\text{tmax}}$，$R''_{M_3\text{tmax}}$——分别为M_1、M_3对同一个螺栓产生的最大拉力。

③ 轴心拉力R_3与产生同轴向拉力的弯矩M_1、M_2所合成的拉力$R_{\text{tmax}3}$。

$$R_{\text{tmax}3} = \frac{R_3}{n}+R'''_{M_1\text{tmax}}+R'''_{M_2\text{tmax}} \quad (7.28)$$

式中　$R'''_{M_1\text{tmax}}$、$R'''_{M_2\text{tmax}}$——分别为M_1、M_2对同一个螺栓产生的最大拉力。

（3）剪力与拉力的组合：同时受拉、剪的螺栓，其强度须联合验算。为了将受力引入验算，对拉力和剪力按载荷条件分类的过程叫剪力与拉力的组合，详见表 7.2。

表 7.2 剪力与拉力组合表

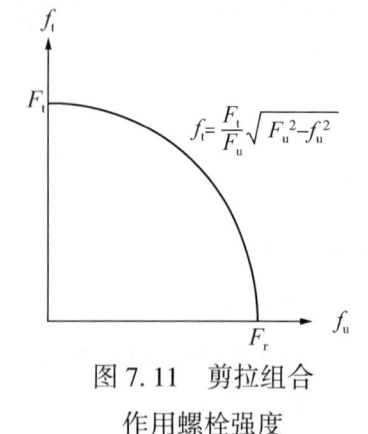

组合号	拉力	剪力
1	R_{tmax1}	R_{vmax1}
2	R_{tmax2}	R_{vmax2}
3	R_{tmax3}	R_{vmax3}

图 7.11 剪拉组合作用螺栓强度

7.2.4.2 强度验算

(1) 普通螺栓：实验表明，由外力引起的剪拉组合作用的螺栓，其强度可用一个椭圆比较精确地加以规定，此椭圆长半轴和短半轴分别用公式(7.22)中的名义拉应力f_t和公式(7.15)中的名义剪应力f_v来表示。此椭圆长半径和短半径分别用公式(7.1)中的允许拉应力和公式(7.2)、(7.3)中的允许剪应力来表示。如图 7.11 所示，故强度条件可用(7.29)来表示。

$$f_{t和} = \frac{F_t}{F_v}\sqrt{f_v^2 - f_v^2} \geq f_t \tag{7.29}$$

式中 $f_{t和}$——组合许用拉应力；
　　　F_t——允许拉应力；
　　　F_v——允许剪应力；
　　　f_v——名义剪应力；
　　　f_t——名义拉应力。

(2) 高强螺栓：高强螺栓不同于普通螺栓的特点，是在承压载荷前已经有很大的预拉力。这种预拉力可以保证被连接板之间不出现滑动(摩擦型)或在正常使用阶段不出现滑动(承压型)，结构不至因连接滑动而出现非弹性变形。但并非预拉力越大越好，实验证明螺栓受扭时的弹性限N_{e2}和极限载荷N_{u2}分别低于不受扭时的弹性极限N_{e1}和极限载荷N_{u1}。如果预拉力未超过N_{e2}时，再施加拉力其值将不能达到N_{u1}；如果预拉力超过时N_{e2}时，再施加拉力其值将达到N_{u1}。故预拉力应低于N_{e2}。

$$T_b = 0.6\sigma_b A_s \tag{7.30}$$

$$A_s = \frac{\pi}{16}(2d - 1.8763t)^2$$

式中 T_b——预拉力；

A_s——应力值面积；

t——螺纹间距。

① 承压型连接：以连接破坏为承载能力的极限状态，其强度验算和普通螺栓相同。一般井架的底脚螺栓按承压型考虑。

② 摩擦型连接：板层之间出现滑动为承载能力的极限状态。它是抗滑型连接，由于在井架有限元分析中对其节点均按刚节点处理，井架上的连接螺栓除底脚螺栓以外其余均按摩擦型考虑。

根据美国 AISC 规范规定：对于摩擦型连接螺栓引入了虚拟允许剪应力的概念，即公式(7.4)中的允许应力乘以折减系数$(1-F_t A_b/T_b)$。其强度条件为名义剪应力小于或等于虚拟允许剪应力。

$$f_v \leqslant (1 - f_t d/T_b)F_{v3} \tag{7.31}$$

式中 f_v——名义剪应力；

f_t——名义拉应力；

T_b——预拉力；

d——螺栓公称直径；

F_{v3}——允许剪应力。

7.2.5 被连接件计算

7.2.5.1 抗剪螺栓连接被连接件

被连接件包括构件及连接板两部分(图7.12)，其破坏状态包括剪切破坏、受拉破坏及承压破坏。

(1) 受拉计算：

① 最大拉应力部位的确定：构件与连接板最大拉应力部位是不同的(参考图7.12)。对于构件1—1截面拉应力最大，对于连接板则3—3截面拉应力最大。应分别以其拉应力最大的部分进行强度验算。然而验算的方法是相同的。

② 强度验算：强度条件为名义拉应力$f_{t板} \leqslant$允许拉应力$F_{t板}$。

$$f_{t板} = \frac{N}{A_净} \leq F_{v板} \tag{7.32}$$

$$A_净 = A_毛 - n'd_{0t}$$

$$A_净 = \left[2b + (n''-1)\sqrt{a^2+b^2} - n''d_0\right]t$$

式中 $A_净$——净截面面积,当螺孔并列布置时(如图 7.12 所示),当螺孔错列布置时(如图 7.13 所示),构件可能沿截面 Ⅱ—Ⅱ 或锯齿形截面 Ⅲ—Ⅲ 破坏;

n'——螺孔并列时螺孔数;

d_0——螺孔直径;

t——连接件厚度;

n''——图 7.13 Ⅲ—Ⅲ 截面上螺孔数。

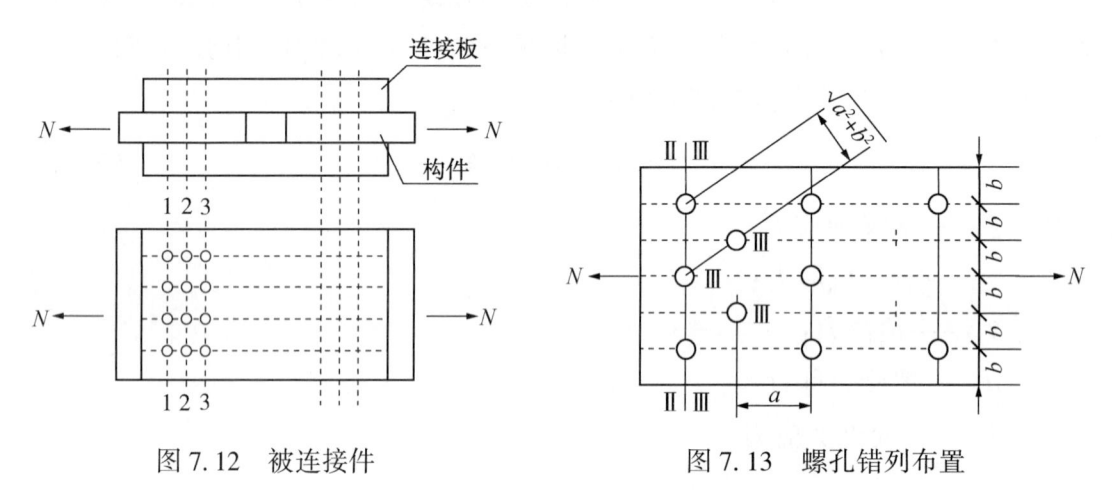

图 7.12 被连接件

图 7.13 螺孔错列布置

(2) 剪出计算:

① 剪出部位的确定:应选取被连接件边沿与受最大剪力的螺栓相对应的螺孔进行验算。

② 强度验算:强度条件是名义剪应力 $f_{v板}$ ≤ 允许剪应力 $F_{v板}$。

$$f_{v板} = \frac{R_v}{2et} \leq F_{v板} \tag{7.33}$$

式中 R_v——一个螺栓的名义剪力,与公式(7.15)中的 R_v 相同;

e——受剪出长度(参考图 7.14)。

(3)承压计算:

该计算部位与剪出计算部位相同。其强度条件为名义承压应力f_p≤允许承压应力F_p。

$$f_p = \frac{R_v}{d_0 t} \leq F_p$$

7.2.5.2 抗拉螺栓连接的被连接件

(1)危险截面的确定:这类连接的被连接件一般为构件。其被破坏状态为弯曲破坏,危险截面有两处,即图7.15中的1—1和2—2截面。须分别对这两个截面进行强度验算。

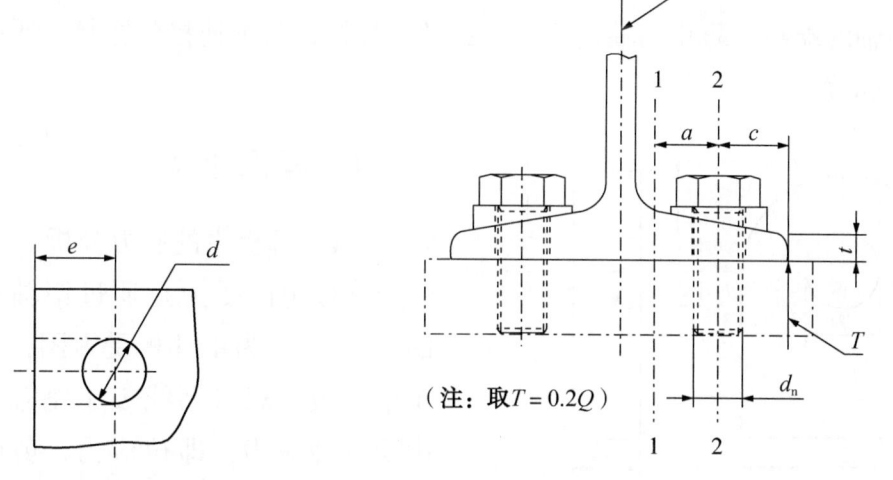

图7.14 受剪出长度

图7.15 抗拉螺栓连接的被连接件危险截面

(2)强度验算:强度条件为名义弯曲应力f_b小于或等于允许弯曲应力F_b。

① 2—2截面:

$$f_b = \frac{M_2}{W_2} = \frac{TC}{\frac{(b-d_n)t^2}{4}} = \frac{0.2QC}{\frac{(b-d_n)t^2}{4}} \leq F_b$$

式中 Q——一个螺栓上承担的外力(图7.15);

M_2——2—2截面的弯矩;

W_2——2—2截面的截面模量;

b——分担一个螺栓拉力的板的宽度。

② 1—1 截面：

$$f_b = \frac{M_1}{W_1} = \frac{Qa-TC}{\frac{bt^2}{4}} = \frac{Qa-0.2QC}{\frac{bt^2}{4}} \leqslant F_b$$

式中　M_1——1—1 截面的弯矩；

W_1——1—1 截面的截面模量。

注：本书中取 $T=0.2Q$。

7.3　销轴、耳板连接计算

销轴、耳板连接一般由销轴、耳板、止动销和别针组成，止动销和别针安装在销轴的端部，防止销轴松脱，而销轴、耳板则为本连接的主体，承受着连接的全部载荷。

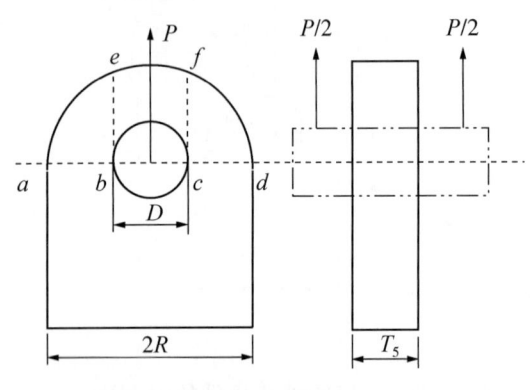

图 7.16　单耳板受力图

7.3.1　耳板计算

7.3.1.1　耳板中的应力分析

耳板中的受力是通过销轴来传递的。图 7.16 为单耳板受力图，实线表示单耳板，双点划线表示销轴。耳板中受三种应力，即拉应力、剪应力和承压应力。

（1）拉应力：最大拉应力发生在 ab 和 cd 截面，其值为：$f_t = \dfrac{P}{(2R-D)T_5}$，强度条件为：

$$\frac{P}{(2R-D)T_5} \leqslant 0.6F_y \tag{7.34}$$

式中　P——作用在单耳板上的力；

f_t——拉应力；

F_y——为耳板材料的最小屈服极限；

T_5——耳板厚度。

(2) 剪应力：发生在 be 和 cf 截面上，其值为：$f_v = \dfrac{P}{2R\,T_5}$，强度条件为：

$$\frac{P}{2R\,T_5} \leqslant 0.4\,F_y \tag{7.35}$$

(3) 承压应力：发生在 bc 弧上，其值为 $f_p = \dfrac{P}{2R\,T_5}$，强度条件为：

$$\frac{P}{D\,T_5} \leqslant 0.5\,F_y \tag{7.36}$$

7.3.1.2 耳板 R 的确定

如果对耳板按承压破坏、剪切破坏、拉伸破坏相同安全度考虑，即可将公式(7.34)~公式(7.36)改写为：

$$\begin{cases} P = 0.6F_y T_5 (2R-D) & (7.37\text{a}) \\ P = 0.4F_y T_5 \, 2R & (7.37\text{b}) \\ P = 0.5F_y T_5 D & (7.37\text{c}) \end{cases}$$

按照 AISC 1.5.1.5.1 节规定，$F_p = 0.9\,F_y$，故该式为

$$P = 0.9\,F_y T_5 D$$

将式(7.37a)和式(7.37b)联立可解得 $R = 1.5D$；

将式(7.37a)和式(7.37c)联立可解得 $R = 1.25D$；

将式(7.37b)和式(7.37c)联立可解得 $R = 1.125D$。

现选取 $R = 1.25D$，则后两种联立均可满足，但第一种联立并未满足。本书采用将承压安全系数由 0.9 调至 0.5 的方法，增加耳板厚度，对第一种联立进行补偿的方法，使其满足 $R = 1.25D$ 的条件，设加厚的耳板厚度为 T_5'，则

$0.9\,F_y T_5 D = 0.5\,F_y T_5' D$，可得 $T_5' = 1.8\,T_5$

通过两种不同的耳板尺寸条件用公式(7.37a)和公式(7.37b)可计算得表 7.3 中的结果。

从表 7.3 可知，调整后的耳板承载能力 P 均大于原条件耳板的承载能力，故，$R = 1.25D$ 可满足所有条件。

注：公式(7.36)中的 0.5 则为调整后的数据。

表 7.3　两种不同耳板尺寸计算结果

耳板尺寸条件	耳板承载能力 P	
	$P=0.6F_yT(2R-D)$	$P=0.4F_yT\cdot 2R$
原条件 $R=1.5D$, $T=T_5$	$1.2F_yT_5D$	$1.2F_yT_5D$
调整后 $R=1.25D$, $T=T_5'=1.8T_5$	$1.62F_yT_5D$	$1.8F_yT_5D$

7.3.1.3　耳板补强板厚度的计算

因为 $T_5=T_1+2T_2$，所以可认为加补强板后承压应力和剪应力与图 7.16 中单耳板是一样的，所以本节仅从耳板拉应力的概念来分析计算补强板的厚度。从图 7.17 分析，只要耳板的 ab 和 cd 截面和与 ef 截面的截面积相等，则它们的抗拉能力则相等。即可满足耳板原来的强度。

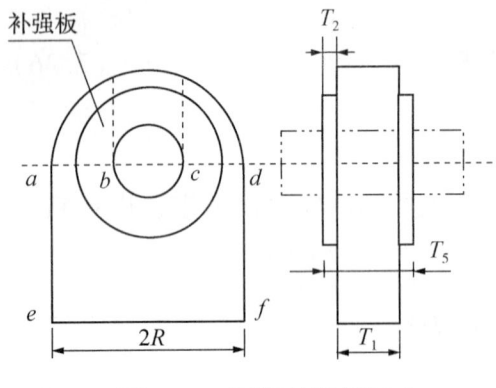

图 7.17　耳板补强板尺寸

则　$2RT_1=(2R-D)(T_1+2T_2)$

∵ $R=1.25D$

∴ $2.5DT_1=1.5D(T_1+2T_2) \rightarrow 2.5T_1=1.5(T_1+2T_2) \rightarrow$

$T_1=3T_2 \rightarrow T_2=0.33T_1$

考虑到补强板的半径小于 R 等因素，故将 T_2 取为 $0.25T_1$ 为宜。

注：耳板的尺寸符号见表 2.25。

7.3.2　销轴计算

销轴是单耳板和双耳板中间的传动件，销轴的横向载荷是一种均布载荷。本计算可将其简化为集中载荷，销轴的剪断失效是突然的，所以销轴的计算规定应比耳板更加严格，应分别进行剪切应力和弯曲应力计算，取其较可靠者为校核依据。

（1）销轴剪应力 f_v：

$$f_v=\frac{P_1}{2\left(\dfrac{d}{2}\right)^2\pi}\times\frac{4}{3}$$

其强度条件为：

$$\frac{P_1}{2\left(\frac{d}{2}\right)^2\pi}\times\frac{4}{3}\leqslant 0.34 F_y \tag{7.38}$$

式中　P_1——销轴承受的载荷(剪切力)；
　　　d——销轴直径；
　　　F_y——销轴材料承受的最小屈服极限。

如果取(7.38)式左右两边相等则可求得：

$$P_1 = 0.40055\, d^2 F_y$$

(2) 销轴弯曲应力f_b：

$$f_b = \frac{\frac{1}{4}P_2(2b+T_5)}{\frac{\pi d^3}{32}}$$

强度条件为：

$$\frac{8 P_2 L}{\pi d^3} \leqslant 0.66 F_y \tag{7.39}$$

式中　P_2——销轴承受的载荷(集中力)；
　　　L——双耳板内间距。

如果取(7.39)式左右两边相等，则可求得：

$$P_2 = 0.25918\, d^3 F_y / L$$

∵ $L \approx 1.2d$ (从图2.6以及表2.25可知 $L=2b+T_5 > d$)

故：$P_1 > P_2$

所以销轴强度计算应以弯曲校核即式(7.38)为准。销轴的承载能力为按弯曲校核时最大载荷P_2。

(3) 单耳板厚度T_5的计算。T_5的计算按理应在7.3.1.4节给出，但T_5的计算只有在我们弄清了销轴的承载能力后，才有条件对其讨论。从7.3.1.2节公式(7.37c)可知

$P = 0.5 F_y T_5 D$，该式中$F_y = 235\mathrm{MPa}$

$P_2 = 0.25918 d^3 F_y / L = 0.25918 d^2 F_y / 1.2$，该式中 $F_y = 540 \text{MPa}$

令 $P = P_2$，$D = d$ 则

$0.5 \times 235 T_5 D = 0.25918 \times 540 d^2 / 1.2$

$T_5 = 0.993 D \approx D$

双耳板厚度则为 $\dfrac{T_5}{2} = \dfrac{D}{2}$

7.4 焊缝连接计算

7.4.1 对接焊缝计算

（1）承受拉力或压力时拉应力计算。

拉应力为：

$$f_{t\text{对}} = \frac{P}{hl} \tag{7.40}$$

式中 P——轴向拉力或压力；

$f_{t\text{对}}$——拉应力；

h——焊缝计算高度；

l——焊缝计算长度[实际长度减去 10mm（每条焊缝）]。

强度条件为：

$$\frac{P}{hl} \leqslant 0.6 F_y$$

式中 F_y——焊缝的最小屈服强度。

（2）承受平行于焊缝的剪力 Q 时剪应力计算。

剪应力 f_v 为：

$$f_{v\text{对}} = \frac{QS}{Ih} \tag{7.41}$$

式中 S——焊缝截面对中性轴的面积矩；

I——焊缝截面的惯性矩。

强度条件为：

$$f_{v对} = \frac{QS}{Ih} \leqslant 0.4 F_y$$

(3)承受弯矩作用时弯曲应力计算。

弯曲应力为：

$$f_{b对} = \frac{M}{W} \qquad (7.42)$$

式中 M——承受弯矩；
　　W——焊缝截面抗弯模量。

强度条件为：

$$\frac{M}{W} \leqslant 0.66 F_y$$

(4)同时承受轴向力、弯矩联合作用时组合应力计算。

组合应力为：

$$f_{t \cdot b对} = \frac{P}{0.7lh} + \frac{M}{W} \qquad (7.43)$$

强度条件为：

$$\frac{P}{0.7lh} + \frac{M}{W} \leqslant 0.6 F_y$$

(5)同时受轴向力、弯矩、剪力联合作用时组合应力计算。

组合应力 $f_{t \cdot b \cdot v对}$ 为：

$$f_{t \cdot b \cdot v对} = \sqrt{f_{t \cdot b对}^2 + 3 f_{v对}^2} \qquad (7.44)$$

强度条件为：

$$f_{t \cdot b \cdot v对} = \sqrt{f_{t \cdot b对}^2 + 3 f_{v对}^2} \leqslant 0.6 F_y$$

7.4.2 角焊缝计算

(1)承受拉力(或压力)P作用拉应力计算。

拉应力 $f_{t角}$ 为：

$$f_{t角} = \frac{P}{0.7lh} \tag{7.45}$$

强度条件为:

$$\frac{P}{0.7lh} \leqslant 0.6 F_y$$

(2)承受剪力 Q 作用剪应力计算。

剪应力 $f_{v角}$ 为:

$$f_{v角} = \frac{Q}{0.7lh} \tag{7.46}$$

强度条件为:

$$\frac{Q}{0.7lh} \leqslant 0.4 F_y$$

(3)承受弯矩、剪力、轴向力联合作用时连接应力计算(图 7.18)。

① 顶接连接应力计算。

弯矩作用下弯曲应力为:

$$f_{Mbx} = \frac{M}{W}$$

剪力 Q 作用下在 y 方向的剪应力为:

$$f_{Qvy} = \frac{Q}{\sum A}$$

在轴向力 P 作用下 x 方向的拉应力为:

$$f_{Ptx} = \frac{Q}{\sum A}$$

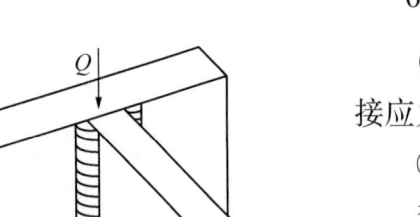

图 7.18 顶接连接应力计算图

式中　M、Q、P——焊缝承受的弯矩、剪力、轴力;

　　　W——焊缝计算截面的抗弯模量;

　　　$\sum A$——所有焊缝的计算面积。

顶接连接应力 f_{mvt} 为:

$$f'_{Mvt} = \sqrt{(f_{Mbx} + f_{Ptx})^2 + (f_{Qvy})^2} \tag{7.47}$$

强度条件

$$f'_{Mvt} = \sqrt{(f_{Mbx}+f_{Ptx})^2 + (f_{Qvy})^2} \leqslant 0.6F_y$$

② 搭接连接角焊缝组合应力计算(图 7.19)。

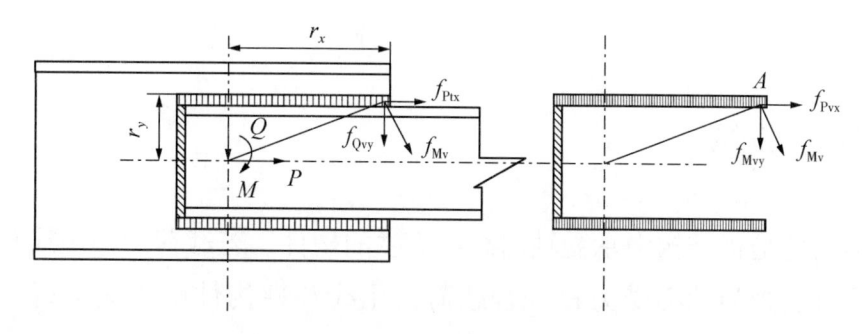

图 7.19 搭接连接角焊缝组合应力计算图

弯矩 M 作用下对焊缝产生扭矩，其剪应力如下：

$$f_{Mvx} = \frac{Mr_y}{J}; \quad f_{Mvy} = \frac{Mr_x}{J}$$

式中　J——焊缝计算截面的极惯性矩（$J = 0.7hJ_u$）；

J_u——由常用方法求得的单位宽度面积的极惯性矩；

r_x、r_y——应力计算点到形心的坐标值。

Q 作用下对焊缝产生的剪力：

$$f_{Qvy} = \frac{Q}{\sum A}$$

P 作用下对焊缝产生的拉应力：

$$f_{Ptx} = \frac{P}{\sum A}$$

$$f'_{Mvt} = \sqrt{(f_{Qvy}+f_{Mvy})^2 + (f_{Mvx}+f_{Ptx})^2}$$

强度条件为：

$$f'_{Mvt} = \sqrt{(f_{Qvy}+f_{Mvy})^2 + (f_{Mvx}+f_{Ptx})^2} \leqslant 0.6F_y$$

8 构件计算

8.1 柱的计算

柱类构件是指结构中承受轴向载荷为主的构件。若载荷的作用线与柱构件中心线重合,则为轴心受力柱。若载荷作用线与柱构件中心线平行,但不重合,或者柱构件在承受轴向力的同时还有横向力作用,这两种受力柱件均称为压弯柱。

8.1.1 轴心受力柱的计算

强度条件:

$$f_a \leqslant F_a$$

式中　f_a——算得的轴向压应力,MPa;
　　　F_a——允许压应力,MPa。

当时$\dfrac{KL}{r}<C_c$ 时,

$$F_a = C_a F_y \tag{8.1}$$

$$C_c = \sqrt{2\pi^2 E/F_y}$$

C_a 按表 8.1 查得。

当 $C_c < KL/r < 120$ 时,

$$F_a = \dfrac{12\pi^2 E}{23(KL/r)^2}$$

式中　F_y——材料的屈服极限,MPa;
　　　E——弹性模数;
　　　K——系数($K=1$);

L——杆件无支撑长度(计算长度);

r——回转半径。

表 8.1 C_a 值表

$\frac{KL/r}{C_c}$	C_a	$\frac{KL/r}{C_c}$	C_a	$\frac{KL/r}{C_c}$	C_a	$\frac{KL/r}{C_c}$	C_a	$\frac{KL/r}{C_c}$	C_a
0.01	0.599	0.21	0.561	0.41	0.506	0.61	0.436	0.81	0.353
0.02	0.597	0.22	0.558	0.42	0.502	0.62	0.432	0.82	0.348
0.03	0.596	0.23	0.556	0.43	0.499	0.63	0.428	0.83	0.344
0.04	0.594	0.24	0.553	0.44	0.496	0.64	0.424	0.84	0.339
0.05	0.593	0.25	0.551	0.45	0.493	0.65	0.42	0.85	0.335
0.06	0.591	0.26	0.518	0.46	0.489	0.66	0.416	0.86	0.330
0.07	0.589	0.27	0.516	0.47	0.486	0.67	0.412	0.87	0.325
0.08	0.588	0.28	0.543	0.48	0.483	0.68	0.408	0.88	0.321
0.09	0.586	0.29	0.540	0.49	0.479	0.69	0.404	0.89	0.316
0.10	0.584	0.30	0.538	0.50	0.476	0.70	0.400	0.90	0.311
0.11	0.582	0.31	0.535	0.51	0.472	0.71	0.396	0.91	0.306
0.12	0.58	0.32	0.532	0.52	0.469	0.72	0.392	0.92	0.301
0.13	0.578	0.33	0.529	0.53	0.465	0.73	0.388	0.93	0.296
0.14	0.576	0.34	0.527	0.54	0.462	0.74	0.384	0.94	0.291
0.15	0.574	0.35	0.524	0.55	0.458	0.75	0.379	0.95	0.286
0.16	0.572	0.36	0.521	0.56	0.455	0.76	0.375	0.96	0.281
0.17	0.570	0.37	0.518	0.57	0.451	0.77	0.371	0.97	0.276
0.18	0.568	0.38	0.515	0.58	0.447	0.78	0.366	0.98	0.271
0.19	0.565	0.39	0.512	0.59	0.444	0.79	0.362	0.99	0.266
0.20	0.563	0.40	0.509	0.60	0.440	0.80	0.357	0.10	0.261

8.1.2 压弯柱(轴心受压和受弯)的计算

井架和底座构件的强度验算中以轴心受压和受弯最为常见,承受轴心压缩和弯曲两种应力的构件,其设计应满足下列要求:

$$\frac{f_a}{F_a}+\frac{C_{mx}f_{bx}}{\left(1-\dfrac{f_a}{F_{ex}}\right)F_{bx}}+\frac{C_{my}f_{by}}{\left(1-\dfrac{f_a}{F_{ey}}\right)F_{by}}\leqslant 1.0 \tag{8.2}$$

$$\frac{f_a}{0.6F_y}+\frac{f_{ax}}{F_{bx}}+\frac{f_{by}}{F_{by}}\leqslant 1.0 \tag{8.3}$$

当 $f_a/F_a \leqslant 0.15$ 时，下式可用来代替式(8.2)、式(8.3)：

$$\frac{f_a}{F_a}+\frac{f_{bx}}{F_{bx}}+\frac{f_{by}}{F_{by}}\leqslant 1.0 \tag{8.4}$$

在上述三式中，与下标 b、m 和 e 结合在一起的下标 x、y 表示某一应力或设计参数所对应的弯曲轴。

式中 F_a——只有轴心力存在时的轴心压应力；

F_b——只有弯矩存在时的弯曲应力；

F_e——除以安全系数的欧拉应力 $\left(F_e=\dfrac{12\pi^2 E}{23(KL_b/r_b)^2}\right)$；

L_b——弯曲平面内无支撑长度；

r_b——相应的回转半径；

K——弯曲平面内有效长度系数；

f_a——计算点的轴向应力；

f_b——在计算点处的压缩弯曲应力；

$C_m = 0.85$。

8.1.3 柱的计算长度

柱的长度可按下式进行计算：

$$L = KL_n \tag{8.5}$$

式中 L——柱的计算长度(无支撑长度)；

L_n——柱的几何长度；

K——长度计算系数。

单独柱长度计算系数 K 值可按表 8.2 查得。

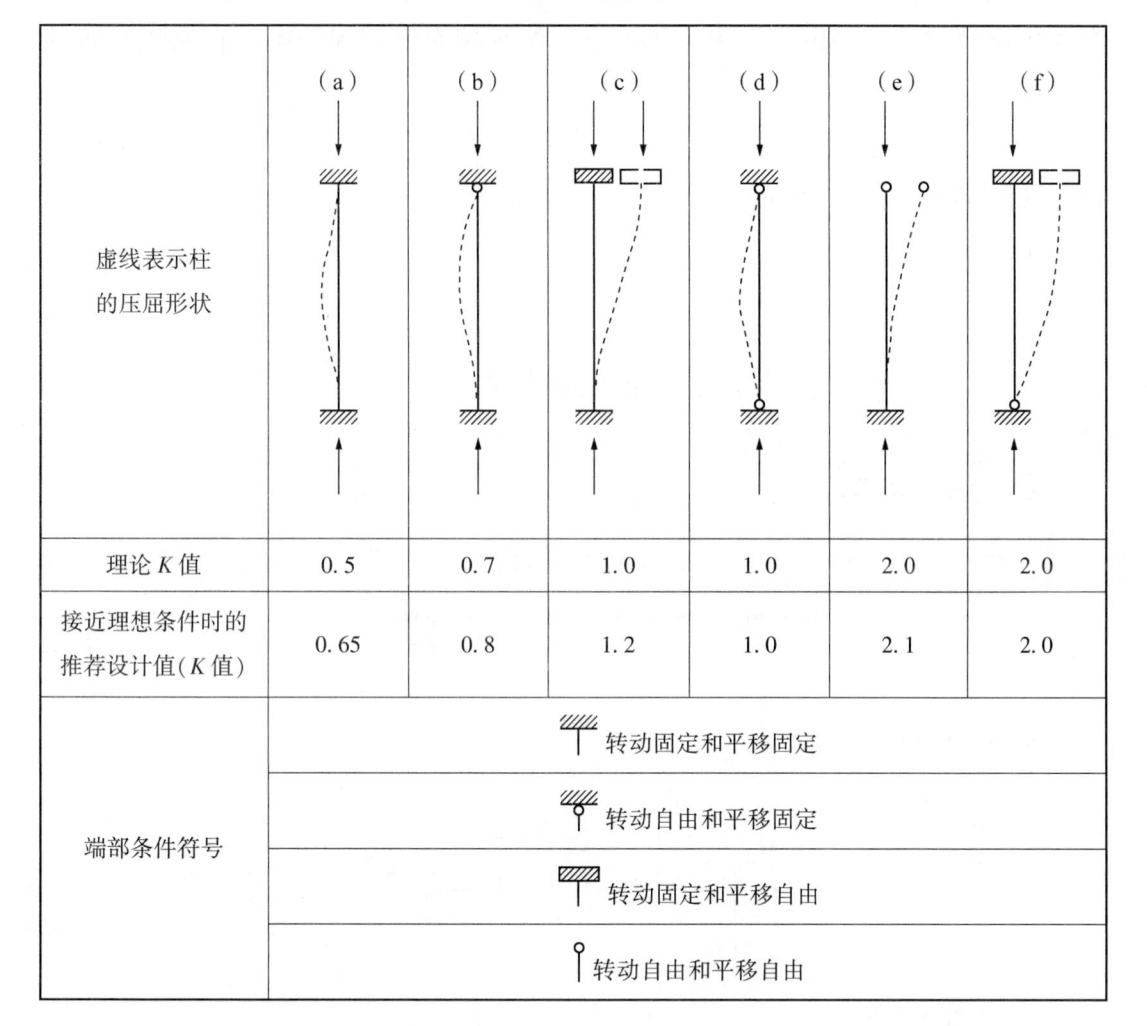

表 8.2 单独柱长度计算系数 K

虚线表示柱的压屈形状	(a)	(b)	(c)	(d)	(e)	(f)
理论 K 值	0.5	0.7	1.0	1.0	2.0	2.0
接近理想条件时的推荐设计值(K 值)	0.65	0.8	1.2	1.0	2.1	2.0
端部条件符号	转动固定和平移固定 转动自由和平移固定 转动固定和平移自由 转动自由和平移自由					

8.2 梁的计算

承受横向载荷为主的构件，称为梁。在井架与底座结构中，特别是在钻机底座结构中，梁是主要的基本承载构件。

8.2.1 梁的分类

(1) 按结构分类：可分为型钢梁和非型钢梁。

① 型钢梁：标准有规定的定型产品。它又包括扎制梁和焊接梁，其特点可直接选用、加工、制造，计算均简单，设计中应优先选用。

② 非型钢梁：标准中未做规定的梁。当型钢梁不能满足结构的需要时，则采用这种梁，它是由一块腹板和上下翼缘焊接而成的焊接梁。在钻机底座的设计中多采用这种梁。

（2）按端部连接型式分类：可分为简支梁、悬臂梁、固端梁和连续梁四种。各类梁的计算模型如下：

① 平面简支梁：

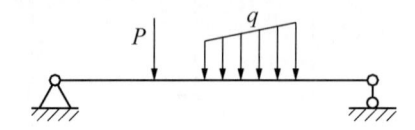

② 空间简支梁：

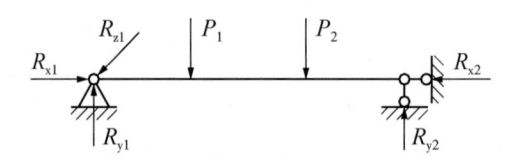

③ 平面固端梁：

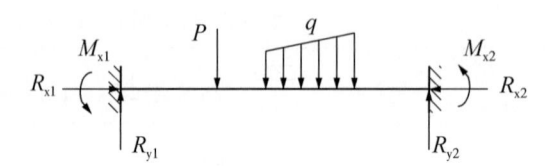

④ 空间固端梁：

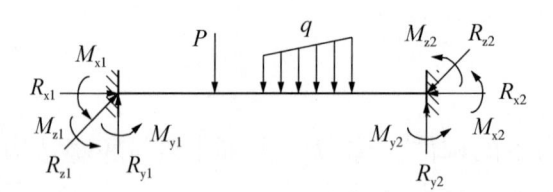

⑤ 平面悬臂梁：

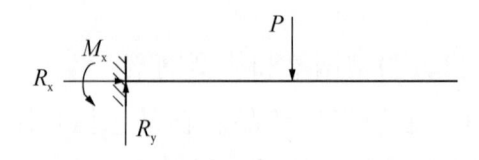

⑥ 连续梁：

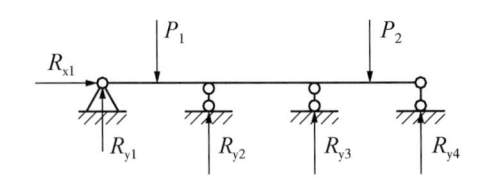

8.2.2 梁中内力、支座反力及挠度计算

符号：R——支反力；

V——垂直剪力；

M——弯矩；

Δ——挠度；

w——单位长度上的均布载荷；

W——梁的总载荷。

(1) 简支梁内力、支反力及挠度计算见表8.3。

表8.3 简支梁内力、支反力及挠度计算表

梁受力图	计算公式	
(1) 简支梁：在中点的集中载荷	支反力	$R = \dfrac{P}{2}$
	剪力	$V = R$
	弯矩	$M_{max} = \dfrac{Pl}{4}$； 当 $x < \dfrac{l}{2}$ 时，$M_x = \dfrac{Px}{2}$
	挠度	$\Delta_{max} = \dfrac{Pl^3}{48EI}$；在载荷点 当 $x < \dfrac{l}{2}$ 时，$\Delta = \dfrac{Px}{48EI}(3l^2 - 4x^2)$

· 145 ·

续表

梁受力图		计算公式
(2)简支梁：在任意点的集中载荷	支反力	$R_1 = \dfrac{Pb}{l}$，（当 $a<b$ 最大） $R_2 = \dfrac{Pa}{l}$，（当 $a>b$ 最大）
	剪力	$V_1 = R_1$， $V_2 = R_2$
	弯矩	$M_{max} = \dfrac{Pab}{l}$，在载荷点； 当 $x<a$ 时，$M_x = \dfrac{Pbx}{l}$
	挠度	在 $x = \sqrt{\dfrac{a(a+2b)}{3}}$ 点，当 $a>b$ 时， $\Delta_{max} = \dfrac{Pab(a+2b)\sqrt{3a(a+2b)}}{27EIl}$； 在载荷点，$\Delta = \dfrac{Pa^2 b^2}{3EIl}$； 当 $x<a$ 时，$\Delta = \dfrac{Pbx}{6EIl}(l^2-b^2-x^2)$
(3)简支梁：对称施加两个相等的集中载荷	支反力	$R = P$
	剪力	$V = P$
	弯矩	$M_{max} = Pa$，（在载荷中间） $M_x = Px$，（$x<a$）
	挠度	$\Delta_{max} = \dfrac{Pa}{24EI}(3l^2-4a^2)$，在梁中心 当 $x<a$ 时，$\Delta = \dfrac{Px}{6EI}(3la-3a^2-x^2)$ 当 $a<x<(l-a)$ 时，$\Delta = \dfrac{Pa}{6EI}(3lx-3x^2-a^2)$

续表

梁受力图		计算公式
(4)简支梁：非对称施加两个相等的集中载荷	支反力	$R_1 = \dfrac{P}{l}(l-a+b)$，（$a<b$ 最大） $R_2 = \dfrac{P}{l}(l-b+a)$，（$a>b$ 最大）
	剪力	$V_1 = R_1$，$V_2 = R_2$ $V_x = \dfrac{P}{l}(b-a)$，（$a<x<l-b$）
	弯矩	$M_1 = R_1 a$，（$a>b$ 时最大） $M_2 = R_2 b$，（$a<b$ 时最大） $M_x = R_1 x$，（$x<a$） $M_x = R_1 x - P(x-a)$，（$a<x<l-b$）
(5)简支梁：非对称施加的两个不相等的集中载荷	支反力	$R_1 = \dfrac{P_1(l-a)+P_2 b}{l}$ $R_2 = \dfrac{P_1 a + P_2(l-b)}{l}$
	剪力	$V_1 = R_1$，$V_2 = R_2$ $V_x = R_1 - P_1$，（$a<x<l-b$）
	弯矩	$M_1 = R_1 a$，（当 $R_1 < P_1$ 时最大） $M_2 = R_2 b$，（当 $R_2 < P_2$ 时最大） $M_x = R_1 x$，（当 $x<a$ 时） $M_x = R_1 x - P_1(x-a)$，（$a<x<l-b$）

续表

梁受力图	计算公式	
(6) 简支梁：均布载荷 [梁受力图：长度 l，均布载荷 wl，两端支反力 R，剪力图与弯矩图 M_{max}]	支反力	$R=\dfrac{wl}{2}$
	剪力	$V_x=\left(\dfrac{l}{2}-x\right)w$
	弯矩	$M_{max}=\dfrac{wl^2}{8}$，在中点 $M_x=\dfrac{wx}{2}(l-x)$
	挠度	$\Delta_{max}=\dfrac{5wl^4}{384EI}(l-x)$，在中点 $\Delta_x=\dfrac{wx}{24EI}(l^3-2lx^2+x^3)$
(7) 简支梁：载荷均匀增加到中点 [梁受力图：长度 l，中点载荷 W，两端支反力 R，剪力图与弯矩图 M_{max}]	总当量均布载荷 $=\dfrac{4W}{3}$	
	支反力	$R=\dfrac{W}{2}$
	剪力	$V=R$； $V_x=\dfrac{W}{2l^2}(l^2-4x^2)$，$\left(x<\dfrac{l}{2}\right)$
	弯矩	$M_{max}=\dfrac{Wl}{6}$，（在中点）； $M_x=Wx\left(\dfrac{1}{2}-\dfrac{2x^2}{3l^2}\right)$，$\left(x<\dfrac{l}{2}\right)$
	挠度	$\Delta_{max}=\dfrac{Wl^3}{60EI}$，在中点 $\Delta=\dfrac{Wx}{480EIl^2}(5l^2-4x^2)^2$，$\left(x<\dfrac{l}{2}\right)$

续表

梁受力图	计算公式
(8)简支梁：部分分布的均布载荷	支反力：$R_1 = \dfrac{wb}{2l}(2c+b)$，（当 $a<c$ 时最大） $R_2 = \dfrac{wb}{2l}(2a+b)$，（当 $a>c$ 时最大） 剪力：$V_1 = R_1$，$V_2 = R_2$； $V_x = R_1 - w(x-a)$，（$a<x<a+b$） 弯矩：$M_{max} = R_1\left(a+\dfrac{R_1}{2w}\right)$，（在 $x=a+\dfrac{R_1}{w}$ 点） $M_x = R_1 x$，（$x<a$ 时） $M_x = R_1 x - \dfrac{w}{2}(x-a)^2$，（$a<x<a+b$ 时） $M_x = R_2(l-x)$，（$x>a+b$ 时）
(9)简支梁：在一端部分分布的均布载荷	支反力：$R_1 = \dfrac{wa}{2l}(2l-a)$，$R_2 = \dfrac{wa^2}{2l}$ 剪力：$V_{1max} = R_1$，$V_2 = R_2$ $V_x = R_1 - wx$，（$x<a$ 时） 弯矩：$M_{max} = \dfrac{R_1^2}{2w}$，（在 $x=\dfrac{R_1}{w}$ 点） $M_x = R_1 x - \dfrac{wx^2}{2}$，（$x<a$ 时） $M_x = R_1(l-x)$，（$x>a$ 时） 挠度：$\Delta_x = \dfrac{wx}{24EIl}\left[a^2(2l-a)^2 - 2ax^2(2l-a) - lx^3\right]$，（当 $x<a$ 时） $\Delta_x = \dfrac{wa^2(l-x)}{24EIl}(4xl - 2x^2 - a^2)$，（当 $x>a$ 时）

续表

梁受力图		计算公式
(10) 简支梁：在每端部分分布的均布载荷	支反力	$R_1 = \dfrac{w_1 a(2l-a) + w_2 c^2}{2l}$, $R_2 = \dfrac{w_2 c(2l-c) + w_1 a^2}{2l}$
	剪力	$V_1 = R_1$, $V_2 = R_2$ $V_x = R_1 - w_1 x$, $(x<a)$ $V_x = R_1 - w_1 a$, $(a<x<a+b)$ $V_x = R_2 - w_2(l-x)$, $(x>a+b)$
	弯矩	$M_{max} = \dfrac{R_1^2}{2w_1}$, （在 $x = \dfrac{R_1}{w_1}$ 点，当 $R_1 < w_1 a$ 时） $M_{max} = \dfrac{R_2^2}{2w_2}$, （在 $x = l - \dfrac{R_2}{w_2}$ 点，当 $R_2 < w_2 c$ 时） $M_x = R_1 x - \dfrac{w_1 x^2}{2}$, $(x<a)$ $M_x = R_1 x - \dfrac{w_1 a}{2}(2x-a)$, $(a<x<a+b)$ $M_x = R_2(l-x) - \dfrac{w_2(l-x)^2}{2}$, $(x>a+b)$
(11) 外伸梁：均布载荷	支反力	$R_1 = \dfrac{w}{2l}(l^2 - a^2)$, $R_2 = \dfrac{w}{2l}(l+a)^2$
	剪力	$V_1 = R_1$, $V_2 = wa$, $V_3 = \dfrac{w}{2l}(l^2 + a^2)$, $V_2 + V_3 = R_2$ $V_x = R_1 - wx$, （在支撑之间） $V_{x1} = w(a-x_1)$, （伸出段）
	弯矩	$M_1 = \dfrac{w}{8l^2}(l+a)^2(l-a)^2$, $\left[\text{在}\, x = \dfrac{l}{2}\left(1-\dfrac{a^2}{l^2}\right)\text{点}\right]$ $M_2 = \dfrac{wa^2}{2}$, （在 R_2 点） $M_{x1} = \dfrac{w}{2}(a-x_1)^2$, （在伸出段） $M_x = \dfrac{wx}{2l}(l^2 - a^2 - xl)$, （在支撑之间）
	挠度	$\Delta_x = \dfrac{wx}{24EIl}(l^4 - 2l^2 x^2 + lx^3 - 2l^2 a^2 + 2a^2 x^2)$, （在支撑之间） $\Delta_{x1} = \dfrac{wx_1}{24EI}(4a^2 l - l^3 + 6a^2 x_1 - 4ax_1^2 + x_1^3)$, （在伸出段）

续表

梁受力图	计算公式

(12) 外伸梁：均布载荷在伸出段

支反力	$R_1 = \dfrac{wa^2}{2l}$，$R_2 = \dfrac{wa}{2l}(2l+a)$
剪力	$V_1 = R_1$，$V_2 = wa$，$V_{1x} = w(a-x_1)$，（伸出段） $V_1 + V_2 = R_1$
弯矩	$M_{max} = \dfrac{wa^2}{2}$，（在 R_2 点） $M_x = \dfrac{wa^2 x}{2}$，（在支撑之间） $M_{x1} = \dfrac{w}{2}(a-x_1)^2$，（在伸出段）
挠度	$\Delta_{max} = \dfrac{wa^2 l^2}{18\sqrt{3}EI} = 0.3208\dfrac{wa^2 l^2}{EI}$，（在支撑之间 $x = \dfrac{l}{\sqrt{3}}$ 点） $\Delta_{max} = \dfrac{wa^3}{24EI}(4l+3a)$，（在伸出端 $x_1 = a$ 处） $\Delta_x = \dfrac{wa^2 x}{12EIl}(l^2 - x^2)$，（在支撑之间） $\Delta_{x1} = \dfrac{wx_1}{24EI}(4a^2 l + 6a^2 x_1 - 4ax_1^2 + x_1^3)$，（在伸出段）

(13) 外伸梁：集中载荷在伸出段端点

支反力	$R_1 = \dfrac{Pa}{l}$，$R_2 = \dfrac{P}{l}(l+a)$
剪力	$V_1 = R_1$，$V_2 = P$，$V_1 + V_2 = R_2$
弯矩	$M_{max} = Pa$，（在 R_2 点） $M_x = \dfrac{Pax}{l}$，（在支撑之间） $M_{x1} = P(a-x_1)$，（在伸出段）
挠度	$\Delta_{max} = \dfrac{Pal^2}{9\sqrt{3}EI} = 0.06415\dfrac{Pal^2}{EI}$，（在支撑之间 $x = \dfrac{l}{\sqrt{3}}$ 点） $\Delta_{max} = \dfrac{Pa^2}{3EI}(l+a)$，（在伸出端 $x_1 = a$ 处） $\Delta_x = \dfrac{Pax}{6EIl}(l^2 - x^2)$，（在支撑之间） $\Delta_{x1} = \dfrac{Px_1}{6EI}(2al + 3ax_1 - x_1^2)$，（在伸出段）

续表

梁受力图		计算公式
(14)外伸梁：均布载荷在支撑之间	支反力	$R = \dfrac{wl}{2}$
	剪力	$V = R$，$V_x = w\left(\dfrac{l}{2}-x\right)$
	弯矩	$M_{max} = \dfrac{wl^2}{8}$，（在中点） $M_x = \dfrac{wx}{2}(l-x)$
	挠度	$\Delta_{max} = \dfrac{5wl^4}{384EI}$，（在中点） $\Delta_x = \dfrac{wx}{24EI}(l^3-2lx^2+x^3)$ $\Delta_{x1} = \dfrac{wl^3 x_1}{24EI}$
(15)外伸梁：集中载荷在支撑之间的任意点	支反力	$R_1 = \dfrac{Pb}{l}$，（$a<b$ 时最大） $R_2 = \dfrac{Pa}{l}$，（$a>b$ 时最大）
	剪力	$V_1 = R_1$，$V_2 = R_2$
	弯矩	$M_{max} = \dfrac{Pab}{l}$，（在载荷点） $M_x = \dfrac{Pbx}{l}$，（$x<a$ 时）
	挠度	$\Delta_{max} = \dfrac{Pab(a+2b)\sqrt{3a(a+2b)}}{27EIl}$，（在 $x = \sqrt{\dfrac{a(a+2b)}{3}}$ 点，当 $a>b$ 时） $\Delta_a = \dfrac{Pa^2 b^2}{3EIl}$，（在载荷点） $\Delta_x = \dfrac{Pbx}{6EIl}(l^2-b^2-x^2)$，（$x<a$） $\Delta_x = \dfrac{Pa(l-x)}{6EIl}(2lx-x^2-a^2)$，（$x>a$） $\Delta_{x1} = \dfrac{Pabx_1}{6EIl}(l+a)$

续表

梁受力图	计算公式		
(16)简支梁：均布载荷及端部的可变弯矩	支反力	$R_1 = \dfrac{wl}{2} + \dfrac{M_1 - M_2}{l}$, $R_2 = \dfrac{wl}{2} - \dfrac{M_1 - M_2}{l}$	
:::	剪力	$V_1 = R_1$, $V_2 = R_2$, $V_x = w\left(\dfrac{l}{2} - x\right) + \dfrac{M_1 - M_2}{l}$	
:::	弯矩	$M_3 = \dfrac{wl^2}{8} - \dfrac{M_1 + M_2}{2} + \dfrac{(M_1 - M_2)^2}{2wl^2}$, $\left(在 x = \dfrac{l}{2} + \dfrac{M_1 - M_2}{wl} 处\right)$ $M_x = \dfrac{wx}{2}(l-x) + \left(\dfrac{M_1 - M_2}{l}\right)x - M_1$	
:::	挠度	$\Delta_x = \dfrac{wx}{24EI}\left[x^3 - \left(2l + \dfrac{4M_1}{wl} - \dfrac{4M_2}{wl}\right)x^2 + \dfrac{12M_1}{w}x + l^3 - \dfrac{8M_1 l}{w} - \dfrac{4M_2 l}{w}\right]$ $b = \sqrt{\dfrac{l^2}{4} - \left(\dfrac{M_1 + M_2}{w}\right) + \left(\dfrac{M_1 - M_2}{wl}\right)^2}$，(位于反弯点)	
(17)简支梁：在中点的集中载荷及端部的可变弯矩	支反力	$R_1 = \dfrac{P}{2} + \dfrac{M_1 - M_2}{l}$, $R_2 = \dfrac{P}{2} - \dfrac{M_1 - M_2}{l}$	
:::	剪力	$V_1 = R_1$, $V_2 = R_2$	
:::	弯矩	$M_3 = \dfrac{Pl}{4} - \dfrac{M_1 + M_2}{2}$, （在中点） $M_x = \left(\dfrac{P}{2} + \dfrac{M_1 - M_2}{l}\right)x - M_1$, $\left(当 x < \dfrac{l}{2} 时\right)$ $M_x = \dfrac{P}{2}(l-x) + \dfrac{(M_1 - M_2)x}{l} - M_1$, $\left(当 x > \dfrac{l}{2} 时\right)$	
:::	挠度	$\Delta_x = \dfrac{Px}{48EI}\left\{3l^3 - 4x^2 - \dfrac{8(l-x)}{Pl}\left[M_1(2l-x) + M_2(l+x)\right]\right\}$, $\left(当 x < \dfrac{l}{2} 时\right)$	

（2）悬臂梁的内力、支反力及挠度计算见表8.4。

表 8.4 悬臂梁的内力、支反力及挠度计算表

梁受力图	计算公式	
(1)悬臂梁：在自由端的集中载荷	支反力	$R = P$
	剪力	$V = R$
	弯矩	$M_{max} = Pl$，（在固定端） $M_x = Px$
	挠度	$\Delta_{max} = \dfrac{Pl^3}{3EI}$，（在自由端） $\Delta_x = \dfrac{P}{6EI}(2l^3 - 3l^2x + x^3)$
(2)悬臂梁：载荷均匀增加到固定端	当量均布载荷 $= \dfrac{8}{3}W$	
	支反力	$R = W$
	剪力	$V_x = \dfrac{x^2}{l^2}W$
	弯矩	$M_{max} = \dfrac{Wl}{3}$，（在固定端） $M_x = \dfrac{Wx^3}{3l^2}$
	挠度	$\Delta_{max} = \dfrac{Wl^3}{15EI}$，（在自由端） $\Delta_x = \dfrac{W}{60EIl^2}(x^5 - 5l^4x + 4l^5)$

续表

梁受力图	计算公式	
（3）悬臂梁：均布载荷	支反力	$R = wl$
	剪力	$V_{max} = R$ $V_x = wx$
	弯矩	$M_{max} = \dfrac{wl^2}{2}$，（在固定端） $M_x = \dfrac{wx^2}{2}$
	挠度	$\Delta_{max} = \dfrac{wl^4}{8EI}$，（在自由端） $\Delta_x = \dfrac{w}{24EI}(x^4 - 4l^3x + 3l^4)$
（4）梁的一端固定，另一端自由下垂但不转动——均布载荷	支反力	$R = wl$
	剪力	$V_{max} = R$ $V_x = wx$
	弯矩	$M_{max} = \dfrac{wl^2}{3}$，（在固定端） $M_1 = \dfrac{wl^2}{6}$，（在下垂端） $M_x = \dfrac{w}{6}(l^2 - 3x^2)$
	挠度	$\Delta_{max} = \dfrac{wl^4}{24EI}$，（在下垂端） $\Delta_x = \dfrac{w(l^2-x^2)^2}{24EI}$

续表

梁受力图	计算公式	
(5)梁的一端固定，另一端自由下垂但不转动——在下垂端的集中载荷	支反力	$R=P$
	剪力	$V=R$
	弯矩	$M_{max}=\dfrac{Pl}{2}$，（在两端） $M_x=P\left(\dfrac{l}{2}-x\right)$
	挠度	$\Delta_{max}=\dfrac{Pl^3}{12EI}$，（在下垂端） $\Delta_x=\dfrac{P(l-x)^2}{12EI}(l+2x)$

（3）固定梁的内力、支反力及挠度计算见表8.5。

表8.5　固定梁的内力、支反力及挠度计算表

梁受力图	计算公式	
(1)梁两端固定：均布载荷	支反力	$R=\dfrac{wl}{2}$
	剪力	$V_{max}=R$，$V_x=w\left(\dfrac{l}{2}-x\right)$
	弯矩	$M_{max}=\dfrac{wl^2}{12}$，（在两端） $M_1=\dfrac{wl^2}{24}$，（在中点） $M_x=\dfrac{w}{12}(6lx-l^2-6x^2)$
	挠度	$\Delta_{max}=\dfrac{wl^4}{384EI}$，（在中点） $\Delta_x=\dfrac{wx^2}{24EI}(l-x)^2$

续表

梁受力图	计算公式		
(2)梁两端固定：在中点的集中载荷	支反力	$R=\dfrac{P}{2}$	
	剪力	$V=R=\dfrac{P}{2}$	
	弯矩	$M_{max}=\dfrac{Pl}{8}$，（在中点和两端）； $M_x=\dfrac{P}{8}(4x-l)$，$\left(\text{当 }x<\dfrac{l}{2}\text{ 时}\right)$	
	挠度	$\Delta_{max}=\dfrac{Pl^3}{192EI}$，（在中点） $\Delta_x=\dfrac{Px^2}{48EI}(3l-4x)$，$\left(\text{当 }x<\dfrac{l}{2}\text{ 时}\right)$	
(3)梁两端固定：在任意点的集中载荷	支反力	$R_1=\dfrac{Pb^2}{l^3}(3a+b)$，（$a<b$ 时最大） $R_2=\dfrac{Pa^2}{l^3}(a+3b)$，（$a>b$ 时最大）	
	剪力	$V_1=R_1$，$V_2=R_2$	
	弯矩	$M_1=\dfrac{Pab^2}{l^2}$，（$a<b$ 时最大） $M_2=\dfrac{Pa^2b}{l^2}$，（$a>b$ 时最大） $M_a=\dfrac{2Pa^2b^2}{l^3}$，（在载荷点） $M_x=R_1x-\dfrac{Pab^2}{l^2}$，（$x<a$ 时）	
	挠度	$\Delta_{max}=\dfrac{2Pa^3b^2}{3EI(3a+b)^2}$，$\left(\text{当 }a>b\text{ 在 }x=\dfrac{2al}{3a+b}\text{ 处}\right)$ $\Delta_a=\dfrac{Pa^3b^3}{3EIl^3}$，（在载荷点） $\Delta_x=\dfrac{Pa^2b^2}{6EIl^3}(3al-3ax-bx)$，（$x<a$）	

(4) 连续梁的内力、支反力及挠度计算见表8.6。

表8.6 连续梁的内力、支反力及挠度计算表

梁受力图	计算公式
(1) 连续梁：两个相等跨度，在一跨上有均布载荷	支反力　$R_1 = \dfrac{7}{16}wl$，$R_2 = \dfrac{5}{8}wl$，$R_3 = \dfrac{1}{16}wl$
	剪力　$V_1 = R_1$，$V_2 = \dfrac{9}{16}wl$，$V_3 = R_3$
	弯矩　$M_{max} = \dfrac{49}{512}wl^2$，（在 $x = \dfrac{7}{16}l$ 处） $M_1 = \dfrac{1}{16}wl^2$，（在支撑 R_2 处） $M_x = \dfrac{wx}{16}(7l - 8x)$，（当 $x < l$ 时）
	挠度　$\Delta_{max} = 0.0092\dfrac{wl^4}{EI}$，（距 $R_1 = 0.472l$ 处）
(2) 连续梁：两个相等跨度，集中载荷在一跨的中间	支反力　$R_1 = \dfrac{13}{32}P$，$R_2 = \dfrac{11}{16}P$，$R_1 = -\dfrac{3}{32}P$
	剪力　$V_1 = R_1 = \dfrac{13}{32}P$，$V_2 = \dfrac{19}{32}P$，$V_3 = R_3 = \dfrac{3}{32}P$
	弯矩　$M_{max} = \dfrac{13}{64}Pl$，（在载荷点） $M_1 = \dfrac{3}{32}Pl$，（在支撑 R_2 处）
	挠度　$\Delta_{max} = 0.015\dfrac{Pl^3}{EI}$，（在距 $R_1 = 0.480l$ 处）

续表

梁受力图	计算公式
(3)连续梁：两个相等跨度，集中载荷在一跨的任意点上	支反力：$R_1 = \dfrac{Pb}{4l^3}[4l^2-a(l+a)]$ $R_2 = \dfrac{Pa}{2l^3}[2l^2+b(l+a)]$ $R_3 = -\dfrac{Pab}{4l^3}(l+a)$ 剪力：$V_1 = R_1$，$V_2 = \dfrac{Pa}{4l^3}[4l^2+b(l+a)]$，$V_3 = R_3$ 弯矩：$M_{max} = \dfrac{Pab}{4l^3}[4l^2-a(l+a)]$，(在载荷点) $M_1 = \dfrac{Pab}{4l^2}(l+a)$，(在支撑 R_2 处)

(4)连续梁：三个相等跨度——边上一跨无载荷

$R_A = 0.383wl$　　$R_B = 1.20wl$　　$R_C = 0.450wl$　　$R_D = 0.033wl$

剪力：$0.383wl$，$0.583wl$，$0.033wl$，$0.033wl$，$0.617wl$，$0.417wl$

$0.383l$，$0.583l$

弯矩：$-0.1167wl^2$，$-0.0333wl^2$，$+0.0735wl^2$，$+0.0534wl^2$

最大挠度 Δ_{max}（距 A 点 $0.430*l$）$=0.0059wl^4/EI$

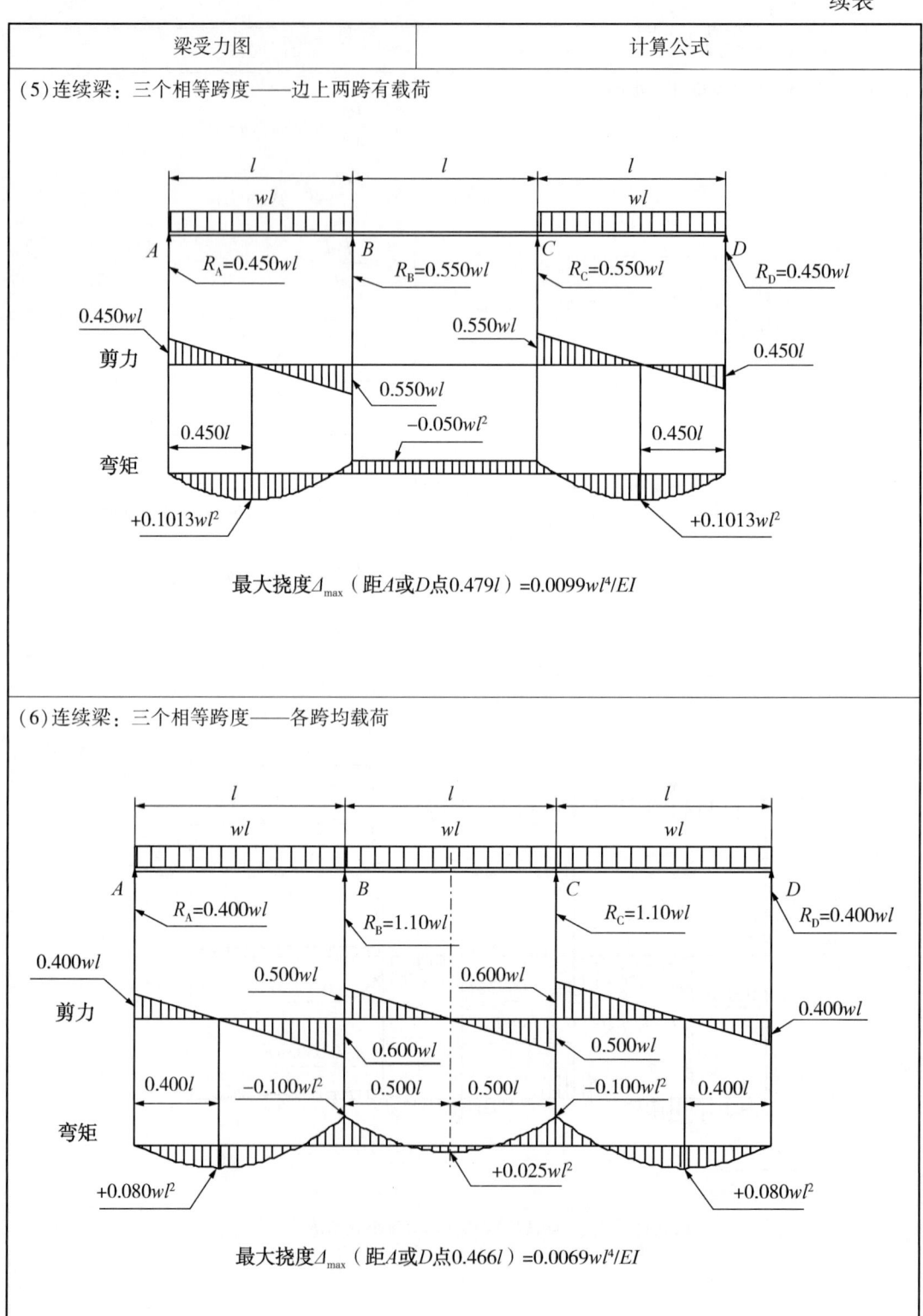

续表

梁受力图	计算公式

(5) 连续梁：三个相等跨度——边上两跨有载荷

$R_A = 0.450wl$, $R_B = 0.550wl$, $R_C = 0.550wl$, $R_D = 0.450wl$

剪力：$0.450wl$、$0.550wl$、$0.550wl$、$0.450wl$

弯矩：$+0.1013wl^2$（距 $0.450l$）、$-0.050wl^2$、$+0.1013wl^2$（距 $0.450l$）

最大挠度 Δ_{max}（距 A 或 D 点 $0.479l$）$= 0.0099wl^4/EI$

(6) 连续梁：三个相等跨度——各跨均载荷

$R_A = 0.400wl$, $R_B = 1.10wl$, $R_C = 1.10wl$, $R_D = 0.400wl$

剪力：$0.400wl$、$0.500wl$、$0.600wl$、$0.600wl$、$0.500wl$、$0.400wl$

弯矩：$+0.080wl^2$（距 $0.400l$）、$-0.100wl^2$（距 $0.500l$）、$+0.025wl^2$（距 $0.500l$）、$-0.100wl^2$、$+0.080wl^2$（距 $0.400l$）

最大挠度 Δ_{max}（距 A 或 D 点 $0.466l$）$= 0.0069wl^4/EI$

8.2.3 梁的截面估算

(1) 型钢梁：它的截面估算是根据计算模型求出梁中的最大弯矩，用公式(抗弯截面系数=最大弯矩÷允许弯曲应力)可求出梁所需抗弯截面系数，从手册上可选取相应的型钢。可为梁的进一步精确计算提供先决条件。

(2) 非型钢梁(焊接梁)：

① 非型钢梁的高度估算可按以下2个公式进行：

$$h_{min}(最小高度) \geqslant 跨度 \div 18 \tag{8.6}$$

$$h_0 = 3 W_x^{\frac{2}{5}} \tag{8.7}$$

式中 W——抗弯截面系数。

② 腹板厚度估算，可按下式估算：

$$t = \frac{\sqrt{h_0}}{11}$$

式中 t——腹板厚度；

h_0——工字梁高度。

③ 翼板宽度 b 估算：

$$b = \left(\frac{1}{3} \sim \frac{1}{5}\right) h_0$$

④ 翼板厚度 t_1 估算：

$$t_1 = b \sqrt{F_y}/199.5$$

式中 F_y——材料的屈服极限，MPa。

8.2.4 梁的强度计算

8.2.4.1 弯曲计算

(1) 弯曲强度条件：

$$f_b \leqslant F_b$$

$$f_b = \frac{M_x}{W_x} + \frac{M_y}{W_y} \quad 若 M_y = 0，则：f_b = \frac{M_x}{W_x}$$

式中 f_b——弯曲应力，MPa；

F_b——允许弯曲应力，MPa；

M_x、M_y——分别为绕 x 轴和 y 轴的最大弯矩，N·mm；

W_x、W_y——分别为对 x 轴和 y 轴的抗弯截面系数，mm³。

(2) 允许应力计算(按英制单位计算)：

① 紧凑构件梁：

$$F_b = 0.66 F_y \tag{8.8}$$

按该公式计算构件必须满足以下条件：

(a) 未加筋受压翼缘宽厚度比 $\leqslant 65/\sqrt{F_y}$；

(b) 加筋受压翼缘宽厚度比 $\leqslant 190/\sqrt{F_y}$；

(c) 腹板的高厚比：

当 $\dfrac{f_a}{F_y} \leqslant 0.16$ 时，$\dfrac{h_0(\text{工字钢梁高})}{t(\text{腹板厚度})} \leqslant \dfrac{640}{\sqrt{F_y}}\left(1-3.74\dfrac{f_a}{F_y}\right)$；

当 $\dfrac{f_a}{F_y} > 0.16$ 时，$\dfrac{h_0(\text{工字钢梁高})}{t(\text{腹板厚度})} \leqslant 257\sqrt{F_y}$

(d) 受压翼缘的侧向无支撑长度不得超过以下数值：

$$\text{受压翼缘的侧向无支撑长度} \leqslant \dfrac{76 b_f}{\sqrt{F_y}} \text{和} \dfrac{20000}{(h_0/A_f) F_y}$$

式中 b_f——翼缘宽度；

A_f——受压翼缘面积，in²；

h_0——工字梁高度，in。

(e) 翼板与腹板连续焊接。

(a)~(d)式中 F_y、f_a 单位均为 ksi(klbf/in²)。

② 非紧凑构件梁：受压翼缘或腹板高厚比不能满足(a)中的要求，但腹板的高厚比 $\leqslant 760/\sqrt{F_y}$ 时，

$$F_b = 0.6 F_y \tag{8.9}$$

③ 翼缘应力的折减：当腹板高厚比超过 $760/\sqrt{F_y}$ 时，受压翼缘的最大弯曲应力应满足：

$$F'_b \leq F_b \left[1.0 - 0.0005 \frac{A_w}{A_f} \left(\frac{h'}{t} - \frac{760}{\sqrt{F_b}}\right)\right] \tag{8.10}$$

式中 A_w——计算截面处的腹板面积，in^2；

A_f——受压翼缘的面积，in^2；

h'——内翼缘间的净距，in。

8.2.4.2 剪切计算

（1）剪切强度条件：

$$f_v \leq F_v$$

式中 f_v——剪切应力，MPa；

F_v——允许剪切应力，MPa。

（2）腹板剪应力计算：

$$f_v = \frac{R}{t \times h'} \tag{8.11}$$

式中 R——反力，N；

t——腹板厚度，mm；

h'——梁翼缘间的净矩，mm。

（3）允许剪应力的计算，对于腹板的允许剪应力 F_v 可按以下公式求得：

①
$$F_v = \frac{F_y}{2.89} C_v \leq 0.4 F_y \tag{8.12}$$

$$C_v = \frac{45000k}{F_y(h'/t)} \quad （当 C_v < 0.8 时）$$

$$C_v = \frac{190}{h'/t} \sqrt{\frac{k}{F_y}} \quad （当 C_v > 0.8 时）$$

$$k = 4.00 + \frac{5.34}{(a/h')^2} \quad （当 a/h' < 1.0 时）$$

$$k = 5.34 + \frac{4.00}{(a/h')^2} \quad （当 a/h' > 1.0 时）$$

式中 F_y——屈服极限，ksi；

t——腹板厚度，in；

a——横向加劲件间的净距，in；

h'——计算截面处翼缘间的净距，in。

② 如果满足以下条件，可用公式(8.13)代替公式(8.12)。

$$F_v = \frac{F_y}{2.89}\left[C_v + \frac{1-C_v}{1.15\sqrt{1+(a/h')^2}}\right] \leq 0.4 F_y \qquad (8.13)$$

需满足条件：

(a) $C_v \leq 1$；

(b) 不加劲件：当 h'/t 小于 260 和腹板最大剪应力 F_v 小于公式(8.12)所容许的数值时，不需要加劲；

(c) 加劲件：对于加劲件，则 $\dfrac{a}{h'} \leq [260/(h/t)^2]$ 或 $\dfrac{a}{h'} \leq 3$。

8.2.4.3 腹板局部失稳计算

(1) 不加劲时(可参考图8.1)。

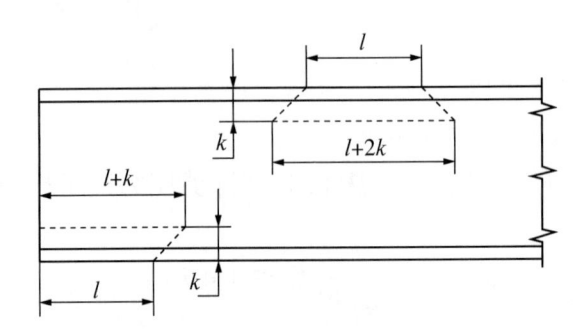

图 8.1 不加劲时腹板局部失稳计算图

① 对于内部载荷：

$$\frac{R}{t(l+2k)} \leq 0.75 F_y$$

② 对于端部：

$$\frac{R}{t(l+k)} \leq 0.75 F_y$$

式中 R——集中载荷或反力，klbf；

t——腹板厚度，in；

l——支承长度，in；

k——从翼缘的外平面至腹板圆角趾部的距离，in。

(2) 加劲时：

① 腹板压应力 f_a 的计算：

(a) 对于集中载荷作用于梁时，

$$f_a = \frac{R}{t \times a}$$

式中　a——劲板间距。

(b) 对于分布载荷作用于梁时，

$$f_a = \frac{q}{t}$$

式中　q——分布载荷，力除以分布长度。

② 强度条件：

(a) 当翼板受约束以防转动时，

$$f_a \leq \left[5.5 + \frac{4}{(a/h')^2}\right] \frac{10000}{(h'/t)^2}$$

(b) 当翼板不受约束时，

$$f_a \leq \left[2 + \frac{4}{(a/h')^2}\right] \frac{10000}{(h'/t)^2}$$

8.2.4.4　剪拉组合应力

$$f_b \leq \left(0.825 - 0.357 \frac{f_v}{F_v}\right) F_y \leq 0.6 F_y$$

式中　f_b——按8.2.4.1节要求计算的弯曲应力，ksi❶；

　　　f_v——计算腹板平均剪应力，按式(8.11)计算，ksi；

　　　F_v——按式(8.13)计算的值，ksi。

---

❶1ksi=1千磅力/平方英寸，1ksi=6.895MPa。

9 井架、底座起升计算

9.1 井架起升计算

9.1.1 大钩运行长度计算

大钩运行长度是关系到井架能否起升到位的关键问题，如果在井架起升时大钩的原始位置至井架大支脚销孔中心的位置再加大钩的运行长度超过了井架高度，则井架将无法起升到位，为了保证井架的正常起升，必须满足公式(9.1)的要求。

大钩运行长度$L_运$必备条件(参考图9.1)须满足公式(9.1)：

(a)井架起升完成图   (b)井架起升初始图

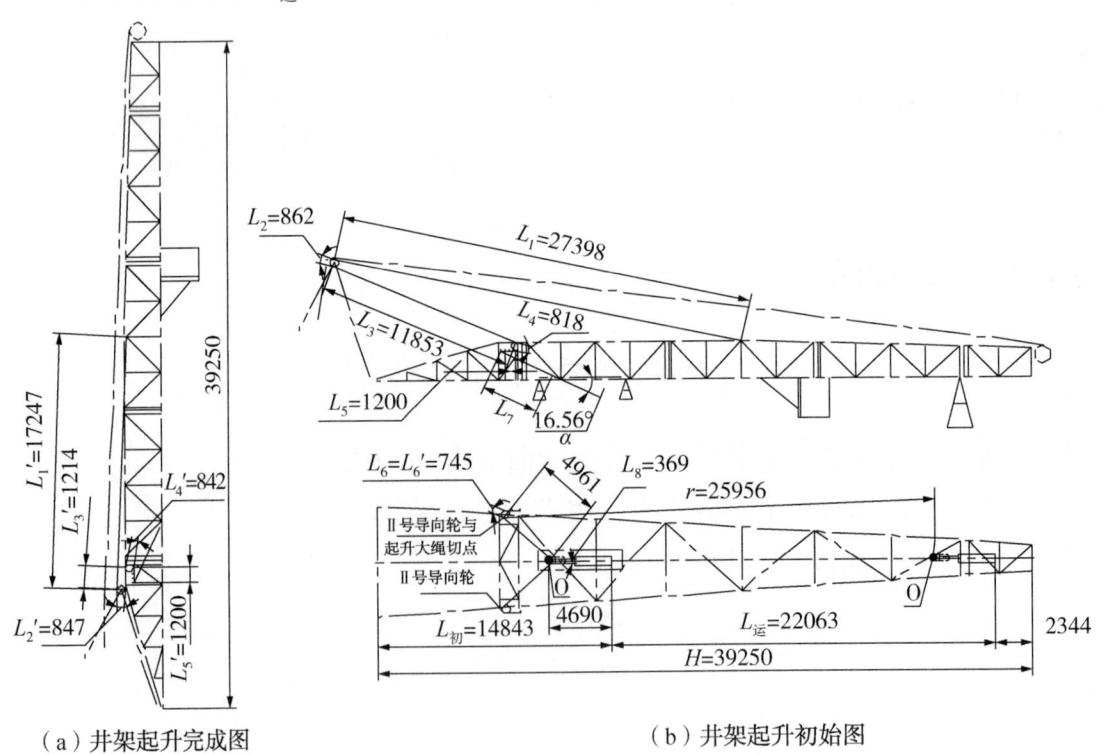

图 9.1 井架起升

9 井架、底座起升计算

$$L_{运} \leqslant H - L_{初} - (2 \sim 3) \tag{9.1}$$

式中 $L_{运}$——井架起升过程中大钩运行长度，m；

$L_{初}$——井架即将起升时游车顶部距井架大支脚的距离，m；

H——井架的高度，m。

大钩运行长度 $L_{运}$ 计算的步骤：

(1) r 的计算(参考图9.1)：

$$r = (L_1 + L_2 + L_3 + L_4 + L_5 + L_6) - (L_1' + L_2' + L_3' + L_4' + L_5' + L_6')$$

式中 $L_1, L_2, \cdots, L_6$——起升大绳由起升大耳至井架Ⅱ号导向轮相应位置各段长度(井架起升初始状态)；

$L_1', L_2', \cdots, L_6'$——起升大绳由起升大耳至井架Ⅱ号导向轮相应位置各段长度(井架起升完成状态)。

(2) 以井架Ⅱ号导向轮与起升大绳切点为圆心，以 r 为半径划弧与井架中心线相交于 O'。

(3) 将游车大钩平衡滑轮的 O 点，从 O 平移至 O'，则图9.1中的 $L_{运}$ 即为大钩运行长度。

(4) 校对游车大钩顶部与井架顶部(天车梁下底)间的距离，如果 $\geqslant 2\mathrm{m}$，则该计算被确认通过。

9.1.2 起升大绳长度计算

参考图9.1，该图采用了平衡滑轮，这种结构一般只有一根起升大绳，则起升大绳的长度指大绳两端绳套销孔中心的距离。如果起升大绳与大钩采用三角架结构，则起升大绳有两根，其长度相等。本书只对图9.1中的平衡滑轮结构进行计算，三角架结构的起升大绳计算方法与前者相似，只不过没有图9.1中的尺寸 L_8 而已。

$$L_{起} = 2(L_1 + L_2 + L_3 + L_4 + L_5 + L_6 + L_7 + L_8)$$

式中 $L_{起}$——起升大绳长度；

$L_1, L_2, \cdots, L_8$——起升大绳由起升大耳至平衡滑轮相应位置各段的长度。

L_7 为图9.1中的对应尺寸除以 $\cos\alpha$，α 为起升大绳节 L_7 段与水平线的夹角。

L_8 为起升大绳对平衡滑轮的包角弧长/2

注：起升大绳至平衡滑轮处的夹角以约75°为宜。

例9.1，计算图9.1中所示井架游车大钩运行长度及起升大绳长度。

(1) 计算大钩运行长度：

① $r = (L_1+L_2+L_3+L_4+L_5+L_6) - (L_1'+L_2'+L_3'+L_4'+L_5'+L_6') + L_7$

  $= (27398+862+11853+818+1200+745) - (17248+847+1214+842+$

  $1200+745) +4961 \div \cos 16.56°$

  $= 42876-22096+5175.6 = 25955.6 \approx 25956 (\text{mm})$

② 以井架Ⅱ号导向轮与起升大绳切点为圆心，以25956为半径划弧与井架中心线相交于O'。

③ 将游车大钩的平衡滑轮中心O点从O平移至O'，量得大钩运行长度$L_{运}$ = 22063mm。

④ 39250-14843-22063 = 2344 > 2000mm。

(2) 起升大绳长度计算：

$L_{起} = 2(L_1+L_2+L_3+L_4+L_5+L_6+L_7+L_8)$

  $= 2 \times (27398+862+11853+818+1200+745+4961/\cos 16.56°+369/2)$

  $= 96472 (\text{mm})$

9.1.3 起升钩载计算

井架起升时，一般情况下，起升力有三个，即快绳拉力$t_{快}$、起升大绳对起升大耳的拉力T和起升大绳对井架起升导轮的拉力T_1。快绳及起升大绳均通过大钩连接(图9.2)，通过它们之间的相互关系，可列出起升力和钩载的关系方程，最终求出起升钩载。

(1) 起升力与钩载关系方程。

① 快绳拉力$t_{快}$：

$$t_{快} = K_{快}Q \tag{9.2}$$

式中　$K_{快}$——快绳系数；

　　　Q——起升钩载。

② 起升大绳拉力：

$$T_1 = K_1 T \tag{9.3}$$

9 井架、底座起升计算

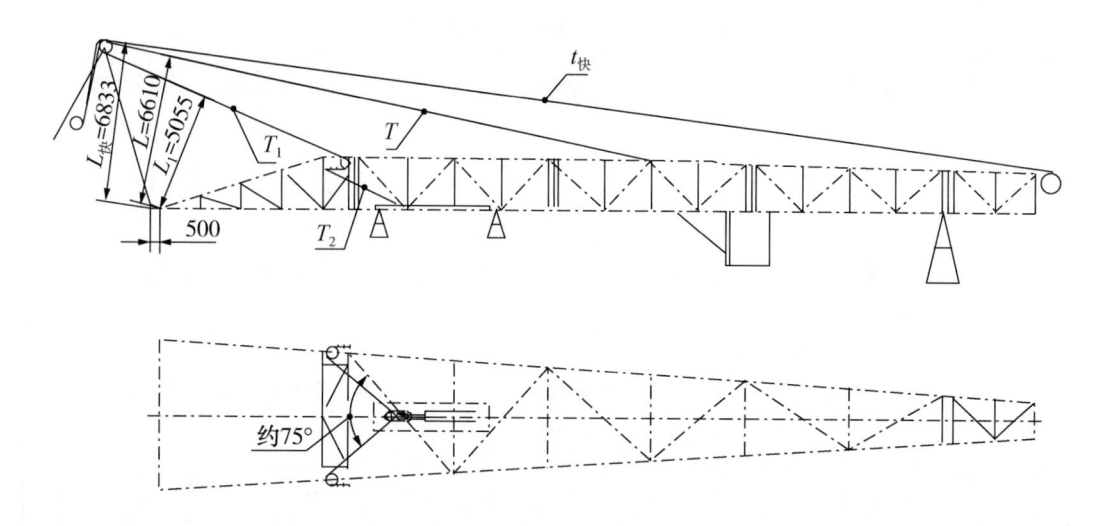

图 9.2 起升钩载计算图

$$T_2 = K_2 T \tag{9.4}$$

式中 T、T_1、T_2——起升大绳在如图 9.2 所示各段所受的拉力；

K_1、K_2——起升大绳通过一个滑轮的折算系数。

③ 快绳拉力 $t_{快}$ 与起升大绳最大拉力的关系式：

$$Q = 2T_2\cos\alpha = \frac{t_{快}}{K_{快}}$$

$$t_{快} = 2K_{快}T_2\cos\alpha \tag{9.5}$$

式中 T_2——起升大绳最大拉力；

α——井架起升初始状态，起升大绳与大钩悬挂处起升大绳之间的夹角，取约 75°为宜。

④ 快绳系数及起升大绳对滑轮的折算系数。

(a) 公式(9.2)中的快绳系数 $K_{快}$ 可从表 9.1 中查得。

(b) 起升大绳与导轮的折算系数：导轮包括人字架一个导轮和井架下段一组（两个）导轮。具体计算如下：

对于普通轴承滑轮　　$K_1 = (1-K_{损}/0.967)+1.09$ \hfill (9.6)

对于滚柱轴承滑轮　　$K_1' = (1-K_{损}/0.967)+1.04$ \hfill (9.7)

式中，$K_{损}$ 可由图 9.3 查得。

表9.1 起升钩载计算系数 $K_{快}$

方案A 1个惰轮 N=4 S=4
方案B 2个惰轮 N=4 S=5
方案C 3个惰轮 N=4 S=6

Q=载荷　　S=滑轮数量　　N=支承载荷的钢丝绳根数

快绳张力=快绳系数×载荷

1	2	3	4	5	6	7	8	9	10	11	12	13
	普通轴承滑轮(折算系数 K=1.09)						滚动轴承滑轮(折算系数 K=1.04)					
N	有效系数			快绳系数 $K_{快}$			有效系数			快绳系数 $K_{快}$		
	方案A	方案B	方案C	方案A	方案B	方案C	方案A	方案B	方案C	方案A	方案B	方案C
2	0.880	0.807	0.740	0.368	0.620	0.675	0.943	0.907	0.872	0.530	0.551	0.574
3	0.844	0.774	0.710	0.395	0.431	0.469	0.925	0.889	0.855	0.360	0.375	0.390
4	0.810	0.743	0.682	0.309	0.336	0.367	0.908	0.873	0.839	0.275	0.286	0.298
5	0.778	0.714	0.655	0.257	0.280	0.305	0.890	0.856	0.823	0.225	0.234	0.243
6	0.748	0.686	0.629	0.223	0.243	0.265	0.874	0.840	0.808	0.191	0.198	0.206
7	0.719	0.660	0.605	0.199	0.216	0.236	0.857	0.824	0.793	0.167	0.173	0.180
8	0.692	0.635	0.582	0.181	0.197	0.215	0.842	0.809	0.778	0.148	0.154	0.161
9	0.666	0.611	0.561	0.167	0.182	0.198	0.826	0.794	0.764	0.135	0.140	0.145
10	0.642	0.589	0.540	0.156	0.170	0.185	0.811	0.780	0.750	0.123	0.128	0.133
11	0.619	0.568	0.521	0.147	0.160	0.175	0.796	0.766	0.736	0.114	0.119	0.124
12	0.597	0.547	0.502	0.140	0.152	0.166	0.782	0.752	0.723	0.106	0.111	0.115
13	0.576	0.528	0.485	0.133	0.145	0.159	0.768	0.739	0.710	0.100	0.104	0.108
14	0.556	0.510	0.468	0.128	0.140	0.153	0.755	0.725	0.698	0.095	0.099	0.102
15	0.537	0.493	0.452	0.124	0.135	0.147	0.741	0.713	0.685	0.090	0.094	0.097

$$K_2 = \frac{K_1^S N(K_1-1)}{K_1^N - 1}$$

式中　S——滑轮数，对于图9.2为3；

N——支撑载荷的钢丝绳绳数。

根据表 9.1：

普通轴承滑轮：

$$K_2 = \frac{K_1^3 \times 3(K_1-1)}{K_1^3-1} \tag{9.8}$$

滚柱轴承滑轮：

$$K_2' = \frac{K_1^3 \times 3(K_1'-1)}{K_1^3-1} \tag{9.9}$$

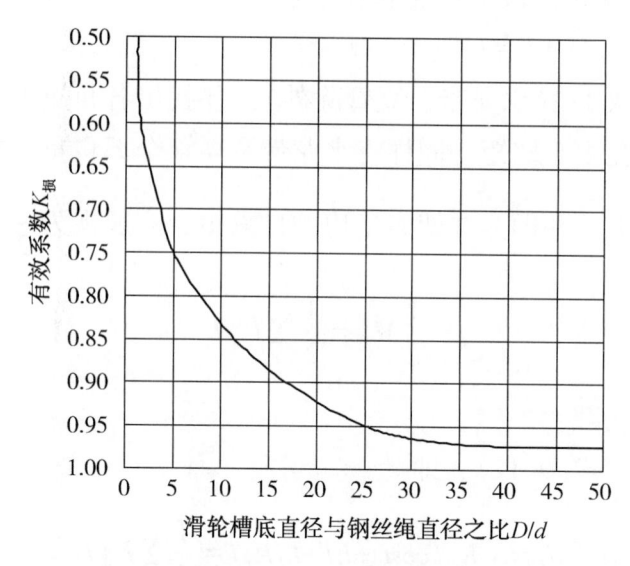

图 9.3　钢丝绳围绕固定滑轮弯曲的有效系数(仅是静态应力)

（2）起升力矩计算(参考图 9.2)：

$$M_{起} = \left(L_{快} \times \frac{t_{快}}{2} + LT + L_1T_1\right) \times 2$$

$$\frac{1}{2}M_{起} = L_{快} \times \frac{t_{快}}{2} + LT + L_1T_1 \tag{9.10}$$

式中　$M_{起}$——对整体井架的起升力矩。

将式(9.10)代入式(9.3)，式(9.4)，式(9.5)并进行整理可得到下式：

$$\frac{1}{2}M_{起} = L_{快}K_{快}K_2T\cos\alpha + LT + L_1K_1T \tag{9.11}$$

(3) 井架起升初始状态自重力矩计算：

$$M_{重} = \sum P_{重} L$$

起升自重包括：天车自重、天车架自重、游车大钩自重、游绳自重、起升大绳自重、立管自重、水龙带自重、上段自重（含该段对应背横梁、斜撑、梯子、销轴及所有与之连接的零部件及悬挂物）、中上段自重（含该段对应背横梁、斜撑、梯子、销轴及所有与之连接的零部件及悬挂物）、中段自重（含该段对应背横梁、斜撑、梯子、销轴及所有与之连接的零部件及悬挂物）、中下段自重（含该段对应背横梁、斜撑、梯子、销轴及所有与之连接的零部件及悬挂物）、下段自重（含该段对应背横梁、斜撑、梯子、销轴及所有与之连接的零部件及悬挂物）、二层台自重。

将以上自重取 1/2（水龙带、立管除外），并找出各自重的重心位置，分别对井架大支脚销孔中心取矩，同样将水龙带及立管全部自重对井架大支脚销孔中心取矩，它们的总和即为井架右半边的自重矩，一般视为 $\frac{1}{2} M_{重}$。

$$\frac{1}{2} M_{重} = \frac{1}{2} \sum P_{重} L \quad (9.12)$$

(4) 求起升钩载：

令式(9.11) = 式(9.12)，即

$$L_{快} K_{快} K_2 T \cos\alpha + LT + L_1 K_1 T = \frac{1}{2} \sum P_{重} L \quad (9.13)$$

通过公式(9.13)可解得 T，通过公式(9.4)可解得 T_2，通过公式(9.2)可解得 Q 即为起升钩载。

9.1.4 起升大绳强度计算

在式(9.5)中 T_2 为起升大绳最大拉力，起升大绳破断拉力 $t_{绳\max} \geq 2.5\, T_2$。

9.1.5 人字架强度计算

(1) 人字架受力计算（图9.4）。

图9.4中 AC 为人字架前腿，BC 为人字架后腿，C 为人字架导轮中心，$t_{快}$、T、T_1 为图9.2中的 $t_{快}$、T、T_1，即 $t_{快}$ 为快绳拉力，T、T_1 分别为起升大绳

对井架起升大耳和井架一号导轮的拉力。

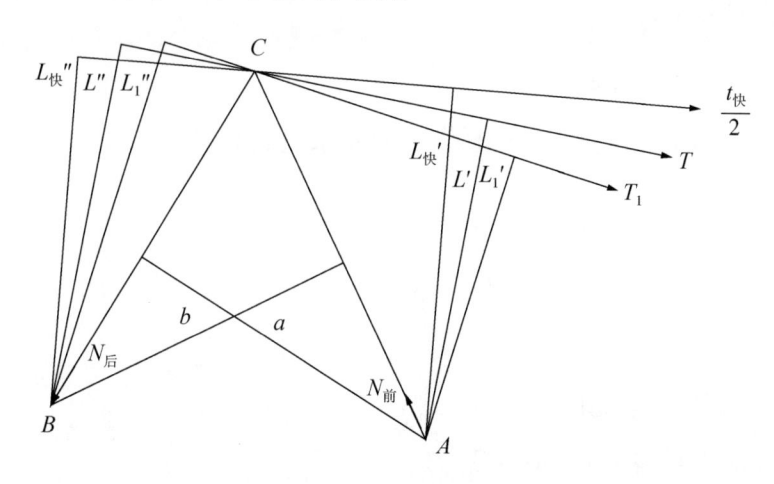

图 9.4 人字架单边受力简图

① 求人字架后腿受力。以 A 为中心，对各力取矩，可得以下方程：

$$N_{后} \cdot a = L'_{快} \cdot \frac{t_{快}}{2} + L'T + L'_1 T_1$$

故可得，

$$N_{后} = \left(L'_{快} \cdot \frac{t_{快}}{2} + L'T + L'_1 T_1 \right) \Big/ a \qquad (9.14)$$

式中 $N_{后}$——后腿的受力，该力为拉力。

② 求人字架前腿受力。以 B 为中心对各力取矩，可得到以下方程：

$$N_{前} \cdot b = L''_{快} \cdot \frac{t_{快}}{2} + L''T + L''_1 T_1$$

故可得，

$$N_{前} = \left(L''_{快} \cdot \frac{t_{快}}{2} + L''T + L''_1 T_1 \right) \Big/ b \qquad (9.15)$$

式中 $N_{前}$——人字架前腿受力，该力为压力。

(2) 人字架强度验算。

① 人字架前腿：

(a) 强度条件：$f_a \leqslant F_a$。

(b)应力计算：$f_a = \dfrac{N_{前}}{A_{前}}$

式中　$A_{前}$——前腿截面积。

(c)允许应力 F_a，可按 8.1.1 节中的要求进行计算。

② 人字架后腿。

(a)强度条件：$f_t \leqslant F_t$。

(b)应力计算：$f_t = \dfrac{N_{后}}{A_{后}}$

式中　$A_{后}$——后腿截面积。

(c)允许应力计算：$F_t = 0.4 F_y$。

③ 销轴：人字架的销轴有三种，即前腿支脚销轴、后腿支脚销轴、前腿与后腿连接的销轴。这些销轴的受力通过计算都已知道，可按 7.3.2 节中的规定对其强度进行计算来确定适合的销轴。

9.1.6　井架起升底座的平衡计算

井架起升时，三个起升力(即快绳拉力，起升大绳的两个力)通过人字架作用在底座上，并形成一个力矩，使底座围绕前支点有向前旋转的态势。井架的大支脚，后挫力可平衡一部分上述力矩，但相差甚远，这就需要底座各部件及有关钻机设备的自重对底座的前支点的重力矩来平衡，如果前者大于后者，则井架无法起升，只有在后者(自重力矩)大于前者的情况下，才能使井架顺利完成起升作业。故底座的平衡计算情况尤为重要。其计算方法可参考图 9.5 进行。

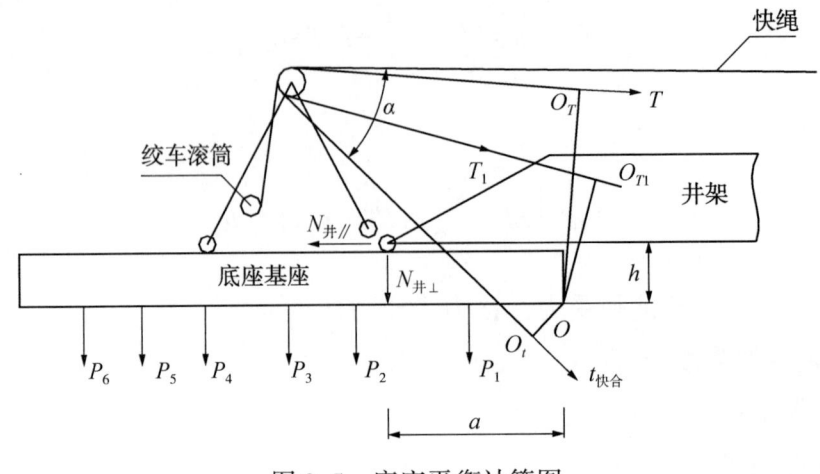

图 9.5　底座平衡计算图

(1) 底座前倾力矩 $M_倾$ 的计算。

$$M_倾 = 2T \cdot OO_T + 2T_1 \cdot OO_{T_1} - N_{井//} \cdot h - a \cdot N_{井\perp} - t_{快合} \cdot OO_t$$

$$N_{井//} = Q(最大起升钩载)$$

$N_{井\perp}$ = 井架起升自重 $-T$ 的垂直分力 $-T_1$ 垂直分力 $-t_快$ 垂直分力

$$t_{快合} = 2t_快 \cdot \cos\alpha$$

(2) 平衡力矩：安装在基座上的全部底座的其他部件的自重及安装在基座上的全部钻机设备的自重，按它们的各自重心的位置对基座前端 O 点取矩的总和则为底座的平衡力矩 $M_平$。

(3) 井架起升时底座的平衡条件 $M_平 \geq M_倾$。

9.2 底座起升计算

9.2.1 底座起升力的计算

底座起升力指的是自升式底座从地面升起到工作位置过程中所受到的拉力。下面以起升弹弓式底座为例讨论底座起升力的计算。

图9.6是弹弓式底座起升示意图，因结构对称，简化为平面机构问题。起升三角架 ABC，竖杆 AC 与斜杆 AB 下端铰接处相距 BC 为 a，AC 长度为 b，AB 长度为 c。平行四边形机构 $DEFG$，$DG = EF = h$，$DE = GF = l$。起升滑轮组固定在上梁 K 点，$DK = k$，$CG = d$。

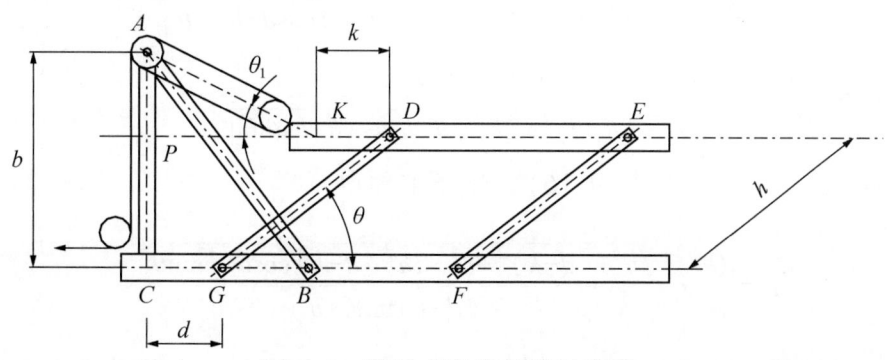

图 9.6　弹弓式底座起升示意图

起升角为 θ，起升初始角为 θ_0，起升绳与水平面夹角 θ_1，起升绳数为 n，设起升绳拉力为 F，则 K 点作用起升力为 nF。

起升时,起升速度很慢,起升加速度也很小,可不计惯性力的影响,将起升过程近似按静力过程处理。起升时,底座上的载荷包括:底座台面的自重、台面上安装设备的自重 G_i 及支腿的部分重量(如果支腿是均匀立柱为 1/2 支腿的重量,如果支腿为契形,则应实际计算并施加在支腿与上座的连接处)。取上座为隔离体分析受力情况,如图9.7所示,所有的自重载荷可合成一等效载荷 Q。二立柱支反力 R_1、R_2,可合成一总反力 R,方向不变。由此可做出上梁的力三角形。

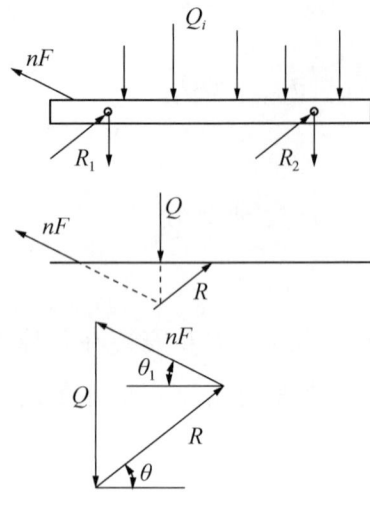

图9.7 上梁受力分析

由正弦定理:

$$\frac{nF}{\sin(90°-\theta)} = \frac{Q}{\sin(\theta+\theta_1)} \tag{9.16}$$

展开整理得 $F = \dfrac{Q}{n} \cdot \dfrac{\cos\theta}{\sin\theta \cdot \cos\theta_1 + \cos\theta \cdot \sin\theta_1}$

由图9.6,在△APK中,

$AP = AC - PC = b - h\sin\theta$;

$PK = PD - KD = d + h\sin\theta - k$ （$d-k>0$）

$AK = \sqrt{(AP)^2+(PK)^2} = \sqrt{b^2+h^2+(d-k)^2+2h[(d-k)\cos\theta-b\sin\theta]}$

因为 $\sin\theta_1 = \dfrac{AP}{AK} = \dfrac{b-h\sin\theta}{\sqrt{b^2+h^2+(d-k)^2+2h[(d-k)\cos\theta-b\sin\theta]}}$

$\cos\theta_1 = \dfrac{PK}{AK} = \dfrac{d-k+h\cos\theta}{\sqrt{b^2+h^2+(d-k)^2+2h[(d-k)\cos\theta-b\sin\theta]}}$

将 $\sin\theta_1$、$\cos\theta_1$ 代入式(9.16),化简整理得

$$F = \frac{Q}{n} \cdot \frac{\sqrt{b^2+(d-k)^2+h^2+2h[(d-k)\cos\theta-b\sin\theta]}}{(d-k)\tan\theta+b}$$

由此式可知,随着起升角 θ 增加,起升力 F 将减小,这是弹弓式底座起升机构的一个特点。

当 $\theta = \theta_0$ 时,有最大起升力 F_{max}:

$$F_{\max} = \frac{Q}{n} \cdot \frac{\sqrt{b^2+(d-k)^2+h^2+2h[(d-k)\cos\theta_0-b\sin\theta_0]}}{(d-k)\tan\theta_0+b} \quad (9.17)$$

9.2.2 支腿强度计算

9.2.2.1 支腿受力计算

（1）后支腿受力 R_2 计算，参考图 9.8。

对 G 取矩，则有

$$\sum M_G = 0$$

$$N \cdot L_N - Q \cdot L_Q + R_2 \cdot L_R = 0$$

$$R_2 = \frac{Q \cdot L_Q - N \cdot L_N}{L_R}$$

（2）前支腿受力 R_1 计算，参考图 9.9。

对 F 取矩，则有

$$\sum M_F = 0$$

$$N \cdot L_N' - Q \cdot L_Q' - R_1 \cdot L_R = 0$$

$$R_1 = \frac{N \cdot L_N' - Q \cdot L_Q'}{L_R}$$

注：计算的 R_1 或 R_2 值若为正则受压，若为负则受拉。

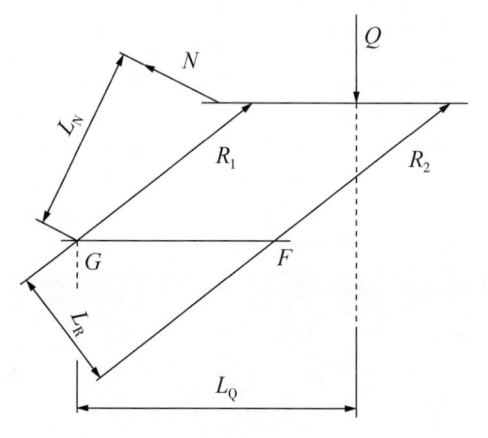

图 9.8 后支腿受力 R_2 计算图 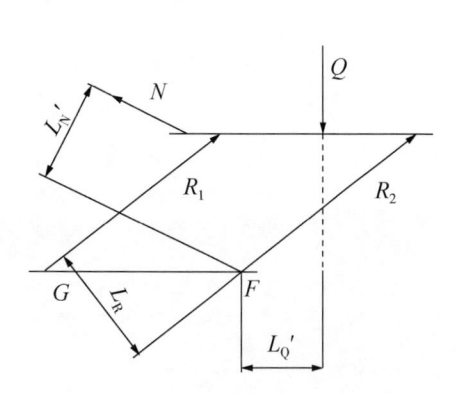　　图 9.9 前支腿受力 R_1 计算图

9.2.2.2 支腿强度验算

(1) 前支腿: $\dfrac{R_1}{A_1} \leqslant F_a$。

(2) 后支腿: $\dfrac{R_2}{A_2} \leqslant F_a$。

式中　A_1、A_2——分别为前后支腿截面积;

　　　F_a——允许压力,可按 8.1.1 节中的要求进行计算,如果支腿为拉力则 $F_a = 0.6 F_y$。

10 天车计算

10.1 天车载荷的计算

最大钩载对多滑轮作用力的计算，参考图 10.1。

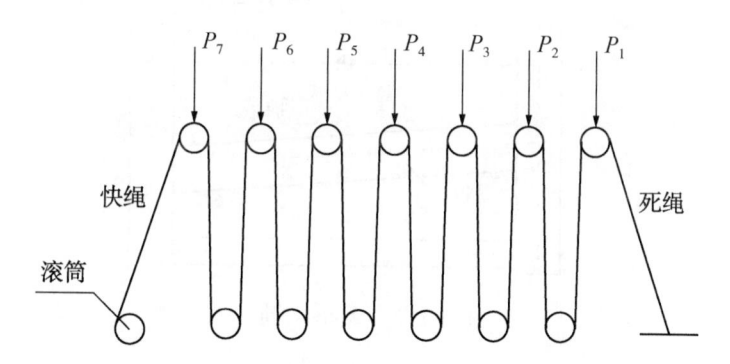

图 10.1 最大钩载对多滑轮作用力计算图

上部的滑轮为天车滑轮，下部的滑轮为游车滑轮

$$P_1 = \frac{2Q_{\max}}{n}, \quad P_2 = \frac{Q_{\max}}{n}\left(1.04 + \frac{1}{0.943}\right)$$

$$P_3 = \frac{Q_{\max}}{n}\left(\frac{1}{0.925} + \frac{1}{0.908}\right), \quad P_4 = \frac{Q_{\max}}{n}\left(\frac{1}{0.890} + \frac{1}{0.874}\right)$$

$$P_5 = \frac{Q_{\max}}{n}\left(\frac{1}{0.857} + \frac{1}{0.842}\right), \quad P_6 = \frac{Q_{\max}}{n}\left(\frac{1}{0.826} + \frac{1}{0.811}\right)$$

$$P_7 = \frac{Q_{\max}}{n}\left(\frac{1}{0.796} + \frac{1}{0.782}\right)$$

式中　$Q_{\max}$——最大钩载；

　　　n——有效绳数。

10.2 天车主轴的计算

以图 10.2 为例对天车主轴进行计算。

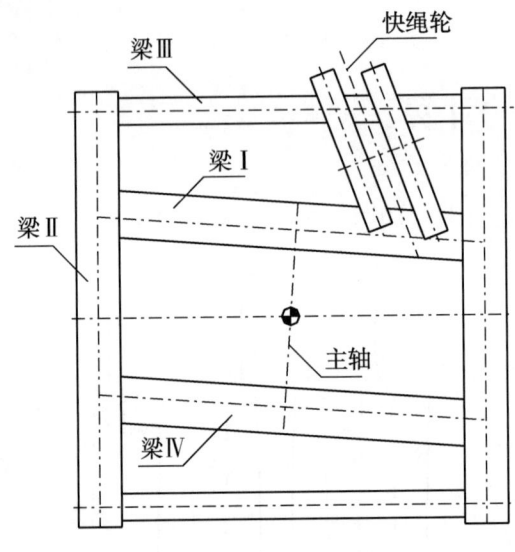

图 10.2 天车主轴

10.2.1 弯曲计算

天车主轴计算模型如图 10.3 所示。

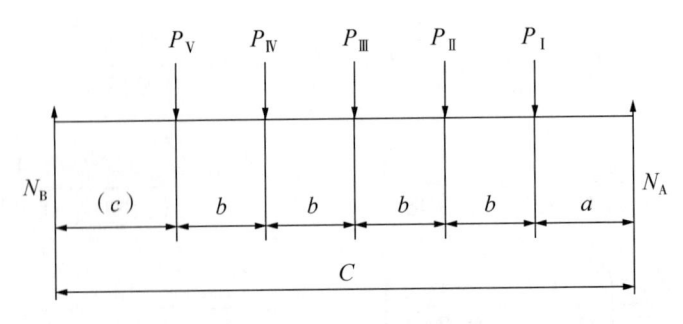

图 10.3 天车主轴计算模型

图 10.3 中：$P_{\text{I}}=P_1+P_{\text{自}}$，$P_{\text{II}}=P_2+P_{\text{自}}$，$P_{\text{III}}=P_3+P_{\text{自}}$，$P_{\text{IV}}=P_4+P_{\text{自}}$，$P_{\text{V}}=P_5+P_{\text{自}}$。

式中　$P_{\text{自}}$——单个滑轮(包括轴承在内)的自重；

$Q_{\max}$——最大钩载。

(1) 求最大弯矩 M_{max}：

$$N_A = \frac{cP_V + (c+b)P_{IV} + (c+2b)P_{III} + (c+3b)P_{II} + (c+4b)P_I}{C}$$

$$N_B = P_I + P_{II} + P_{III} + P_{IV} + P_V - N_A$$

若 $a>c$，则取 $N_B>N_A$，若 $c>a$，则 $N_A>N_B$

本书假设 $c>a$，则 $N_A>N_B$，P_I 作用点弯矩 $M_I = aN_A$，P_{II} 作用点弯矩：

$$M_{II} = (a+b)N_A - bP_I$$

以此方法可逐一求出 M_{III}、M_{IV}、M_V，最大者则为最大弯矩 M_{max}。

(2) 求轴的抗弯截面系数 W：

实心轴 $\qquad W = 0.0982 d^3$

空心轴 $\qquad W = 0.0982 \dfrac{D^4 - d_1^4}{D}$

式中　d——实心轴直径；

D——空心轴外径；

d_1——空心轴内径。

(3) 求最大弯曲应力 f_b：

$$f_b = \frac{M_{max}}{W}$$

(4) 强度条件：

$$f_b \leqslant \frac{F_y}{1.67}$$

10.2.2　剪切计算

(1) 求剪切应力 f_v：

$$f_v = \frac{4}{3} \cdot \frac{N_A}{A}$$

式中　A——轴受剪面积。

(2) 强度条件：

$$f_v \leqslant 0.34F_y$$

10.3 天车梁的计算

从图 10.2 可看出，天车梁共有三种，以下分别对其进行计算。

10.3.1 I号梁的计算（图 10.2）

10.3.1.1 弯曲计算（图 10.4）

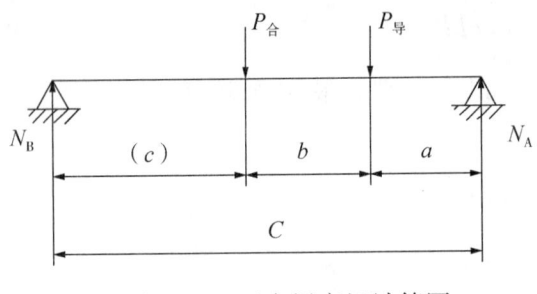

图 10.4 天车梁弯矩计算图

（1）求最大弯矩 M_{max}：

$$M_{max} = cN_B$$

$$N_B = \frac{(a+b)P_{合} + aP_{导}}{C}$$

式中，$P_{合} = \frac{1}{2}(P_I + P_{II} + P_{III} + P_{IV} + P_V + P_{轴} + P_{轴座})$

$P_{导} = \frac{1}{2}(P_6 + P_{导轴} + P_{导轮} + P_{导座})$

（2）允许应力计算：

$$F_b = 0.66F_y$$

使用该公式须满足以下条件：

① 未加劲受压翼缘宽厚比 $\leqslant 65/\sqrt{F_y}$；

② 加劲受压翼缘宽厚比 $\leqslant 190/\sqrt{F_y}$；

③ 腹板的高厚比 $\frac{d}{t} \leqslant \frac{640}{\sqrt{F_y}}\left(1 - 3.74\frac{f_a}{F_y}\right)$；

④ 受压翼缘的侧向无支撑长度不得超过 $\frac{76b_f}{\sqrt{F_y}}$ 和 $\frac{20000}{(d/A_f)F_y}$；

⑤ 翼板与腹板连续焊接。

注：A_f 为受压翼缘面积，in^2；d 为工字梁高度，in；t 为腹板厚，in；b_f 为翼缘宽度，in。

(3) 强度条件：

$$\frac{M_{max}}{W} = f_b \leqslant 0.66 F_y$$

10.3.1.2 剪切计算

(1) 剪切强度条件：

$$f_v \leqslant F_v$$

式中　f_v——剪切应力，MPa；

　　　F_v——允许剪切应力，MPa。

(2) 腹板剪应力计算：

$$f_v = \frac{R}{th}$$

$$R = N_A = P_合 + P_导 - N_B$$

式中　R——N_A 的反力；

　　　t——腹板厚，mm；

　　　h——梁翼缘间的间距，mm。

(3) 允许剪应力的计算。对于腹板的允许剪应力 F_v，可按以下公式求得：

①
$$F_v = \frac{F_y}{2.89}(C_v) \leqslant 0.40 F_y, \text{ ksi} \qquad (10.1)$$

$$C_v = \frac{45000K}{(h/t)^2 F_y} \quad （当 C_v 小于 0.8 时）$$

$$C_v = \frac{190}{h/t} \cdot \sqrt{\frac{K}{F_y}} \quad （当 C_v 大于 0.8 时）$$

$$K = 4.00 + \frac{5.34}{(a/h)^2} \quad （当 a/h 小于 1.0 时）$$

$$K = 5.34 + \frac{4.00}{(a/h)^2} \quad （当 a/h 大于 1.0 时）$$

式中　t——腹板厚度，in；

　　　a——横向加劲件间的净距，in；

h——计算截面处翼缘间的净距，in。

② 如果满足以下条件可以用公式(10.2)代替公式(10.1)

$$F_v = \frac{F_y}{2.89}\left[C_v + \frac{1-C_v}{1.15\sqrt{1+(a/h)^2}}\right] \leq 0.40F_y \quad (10.2)$$

需满足条件：

(a) $C_v \leq 1$；

(b) 不需加劲件 [当 $\dfrac{h}{t} \leq 260$ 和腹板最大剪应力 F_v 小于公式(10.1)所容许的数值时，不需加劲]；

(c) 加劲件，对于加劲件则 $\dfrac{a}{h} \leq \left[\dfrac{260}{(h/t)^2}\right]$ 或 $\dfrac{a}{h} \leq 3$。

10.3.1.3 腹板局部失稳计算

(1) 不加劲时失稳计算。

① 对于内部载荷：

$$\frac{R}{t(l+2k)} \leq 0.75F_y$$

② 对于端部：

$$\frac{R}{t(l+k)} \leq 0.75F_y$$

式中　R——集中载荷和反力，klbf；

t——腹板厚度，in；

l——支撑长度(对于端部反力不小于 k)，in；

k——从翼缘的外平面至腹板圆角趾部的距离(可参考图10.5)，in。

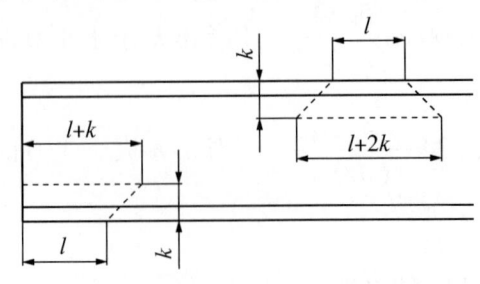

图10.5　腹板局部失稳计算图

(2) 加劲时失稳计算。

① 腹板压应力 f_a 计算。

(a) 对于集中载荷作用于梁时：

$$f_a = \frac{R}{t \times a}$$

式中 a——劲板间距。

(b) 对于分布载荷作用于梁时：

$$f_a = \frac{q}{t}$$

式中 q——分布载荷，力除以分布长度。

② 强度条件。

(a) 当翼板受约束以防转动时：$f_a \leq \left(5.5 + \dfrac{4}{(a/h)^2}\right) \dfrac{10000}{(h/t)^2}$ ksi

(b) 当翼板不受约束时：$f_a \leq \left(2 + \dfrac{4}{(a/h)^2}\right) \dfrac{10000}{(h/t)^2}$ ksi

10.3.2 Ⅱ号梁的计算

参考图 10.2，将Ⅰ号梁和及其对应的Ⅳ号梁所承受的载荷（最大钩载时），按力学法则，推算到与Ⅱ号梁的连接部位，可求得Ⅱ号梁上作用的载荷及其部位，其计算方法同 10.3.1 节所述。

10.3.3 Ⅲ号梁的计算

参考图 10.2 及图 10.1，该梁上作用的载荷有垂直载荷 $P_{导\perp}$ 和水平载荷 $P_{导P}$。

$$P_{导\perp} = \frac{1}{2}\left[\frac{Q_{\max}}{n}\left(\frac{1}{0.826} + \frac{\cos\alpha}{0.811}\right) + P_{导轴} + P_{导座}\right]\frac{g}{h+g}$$

$$P_{导P} = \frac{Q_{\max} \cdot \sin\alpha}{0.811 \cdot n}$$

式中 α——快绳与铅垂线的夹角；

$P_{导轴}$——快绳导轮轴的自重;

$P_{导座}$——快绳导轮轴承座自重。

该梁弯曲计算时,最大弯矩分为两个方向求其值,弯曲强度条件为:

$$f_b = \frac{M_x}{W_x} + \frac{M_y}{W_y} \leq F_b$$

其余方法步骤可按Ⅰ号梁的方法进行。

10.4 轴承的计算

天车上快绳滑轮轴承,一般与主滑轮轴承取为同一轴承,由于快绳滑轮比主滑轮承受载荷大,因此轴承的计算以快绳滑轮为例进行计算。

(1) 快绳轮载荷:从10.1节可知,快绳轮载荷为:

$$P_6 = \frac{Q_{max}}{n}\left(\frac{1}{0.826} + \frac{1}{0.811}\right)$$

(2) 轴承负荷额定值计算,根据API Spec 8C规定,轴承负荷额定值按下式计算:

$$W_b = \frac{NW_r}{357} \tag{10.3}$$

式中 W_b——计算所得的天车轴承负荷额定值,kN;

N——天车上的滑轮数($N=1$);

W_r——单个滑轮轴承负荷额定值(指在转速为100r/min的条件下,90%的轴承最短使用寿命为3000h的负荷),N。

(3) 滚动轴承的额定寿命计算公式:

$$L_h = \frac{10^6}{60n}\left(\frac{C_1}{C}\right)^\varepsilon \tag{10.4}$$

式中 L_h——额定寿命($L_h = 3000$h),h;

n——工作转速($n = 100$r/min),r/min;

C_1——额定负荷,N;

C——当量动负荷,N;

ε——寿命指数$\left(\text{对滚子轴承}\ \varepsilon=\dfrac{10}{3}\right)$。

将上述代入式(10.4)：

$$C=\dfrac{C_1}{\sqrt[\varepsilon]{\dfrac{60n\cdot L_h}{10^6}}}=\dfrac{C_1}{\sqrt[\frac{10}{3}]{\dfrac{3000\times60\times100}{10^6}}}=\dfrac{C_1}{2.38}$$

将 $W_r=C$，$N=1$ 代入式(10.3)得 W_b。

(4) 轴承的强度条件为：$W_b>P_6$。

10.5 滑轮强度计算

应分别对主滑轮中靠近快绳导轮的滑轮及快绳导轮分别进行计算。

(1) 设计安全系数 SF_D：

设计安全系数应按如下设计安全系数与额定值关系计算(图10.6)：

设计额定值 t，屈服强度设计安全系数 SF_D

≤150　　　　　　　3.00

>150 且 ≤500　　　3.00−0.75(R−150)/350

>500　　　　　　　2.25

这里 R 取以吨为单位的额定值。

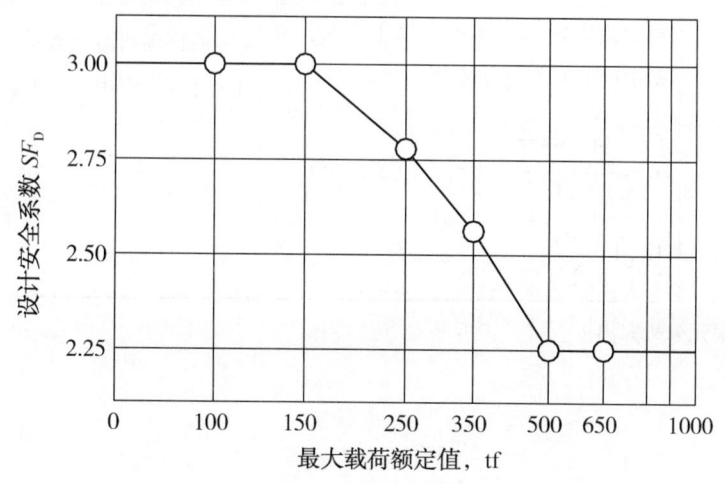

图 10.6　滑轮强度设计安全系数与额定值的关系

(2) 计算公式：详见表 10.1。

表 10.1 滑轮强度计算

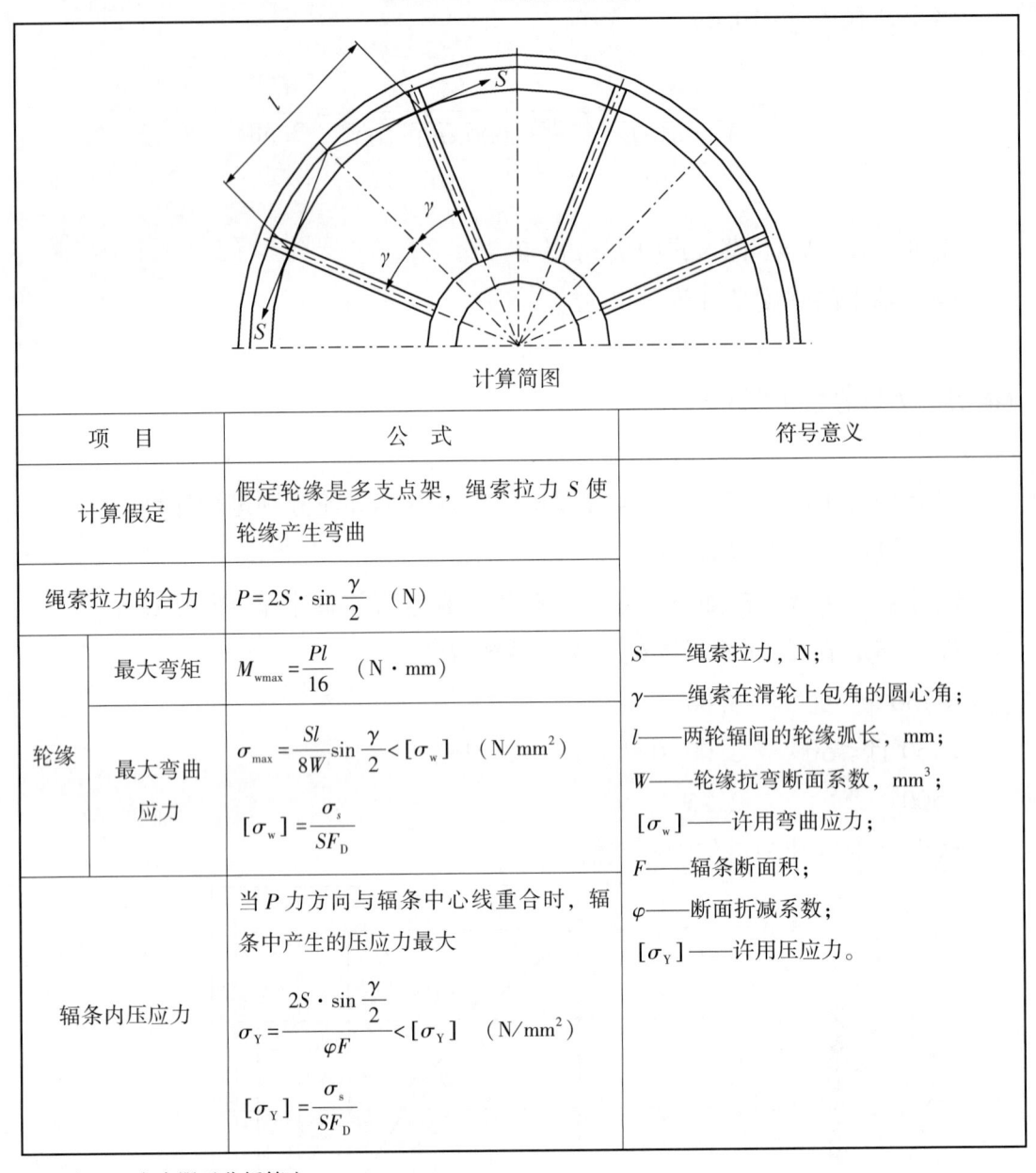

计算简图

项 目		公 式	符号意义
计算假定		假定轮缘是多支点架，绳索拉力 S 使轮缘产生弯曲	
绳索拉力的合力		$P = 2S \cdot \sin \dfrac{\gamma}{2}$ （N）	S——绳索拉力，N； γ——绳索在滑轮上包角的圆心角； l——两轮辐间的轮缘弧长，mm； W——轮缘抗弯断面系数，mm^3； $[\sigma_w]$——许用弯曲应力； F——辐条断面积； φ——断面折减系数； $[\sigma_Y]$——许用压应力。
轮缘	最大弯矩	$M_{wmax} = \dfrac{Pl}{16}$ （N·mm）	
	最大弯曲应力	$\sigma_{max} = \dfrac{Sl}{8W} \sin \dfrac{\gamma}{2} < [\sigma_w]$ （N/mm^2） $[\sigma_w] = \dfrac{\sigma_s}{SF_D}$	
辐条内压应力		当 P 力方向与辐条中心线重合时，辐条中产生的压应力最大 $\sigma_Y = \dfrac{2S \cdot \sin \dfrac{\gamma}{2}}{\varphi F} < [\sigma_Y]$ （N/mm^2） $[\sigma_Y] = \dfrac{\sigma_s}{SF_D}$	

注：W 由有限元分析算出。

11 井架、底座载荷计算

11.1 井架基本载荷分析

作用在井架上的载荷有井架自重、大钩载荷、工作绳作用力、风载和立根水平载荷5种基本载荷。

11.1.1 自重

(1) 井架自重：井架自重由计算程序自动生成。为了便于计算，只算井架次要部件(如梯子、平台、栏杆等)及考虑井架表层冬天结冰的重量，设结冰重量为井架主体总重量的10%，且均布在井架主体每个构件上，所以将材料密度增加10%进行计算，便可得井架的重量。将各构件的重量分配在相应节点上，即可进行下一步计算。

(2) 附属设备自重：包括全部附加在井架上的设备及悬挂物的自重。将它们算出后，按其所在位置分别加到井架相应节点上。

11.1.2 钩载

本计算钩载为最大静钩载。钩载是通过天车作用在井架顶部，其计算准确与否对井架受力关系较大，故须仔细计算。

(1) 天车受力计算。

① 快绳拉力 $N_{快}$：

$$N_{快} = K_{快} Q$$

式中　$K_{快}$——快绳系数，按表9.1查得。

(a) 快绳的垂直分力 $N_{快\perp}$：

$$N_{快\perp} = N_{快} \cos\phi$$

式中　ϕ——快绳与铅垂线的夹角。

(b)快绳的水平分力$N_{快\parallel}$：

$$N_{快\parallel}=K_{快}\sin\phi$$

② 死绳拉力$N_{死}$：

$$N_{死}=\frac{Q}{n}$$

式中　n——有效绳数。

(a)死绳的垂直拉力$N_{死\perp}$：

$$N_{死\perp}=\frac{Q}{n}\cos\phi_1$$

式中　ϕ_1——死绳与铅垂线的夹角。

(b)死绳的水平分力$N_{死\parallel}$：

$$N_{死\parallel}=\frac{Q}{n}\sin\phi_1$$

③ 作用在滑轮组上的力(即作用在主滑轮组和快绳导轮上的力)：水平分力和垂直分力，这两种力按滑轮组的具体布局进行计算。

(2)钩载的分布。

① 垂直分布：将以上计算的三种力的垂直分力按其大小和作用点分配到天车相应部位。

② 水平分布：将以上计算的三种力的水平分力按其大小、作用点和方向分配到天车相应部位。

11.1.3　立根水平载荷

由立根自重所产生的立根水平载荷按下式计算：

$$F_{根}=\frac{GL}{2H}\sin\theta \tag{11.1}$$

式中　G——二层台存放立根的总重力，N；

L——立根长度，m；

H——二层台指梁到钻台面的垂直距离，m；

θ——立根与垂直于钻台的平面之间的夹角（一般 $\theta<4°$），（°）；

$F_{根}$——立根水平载荷，N。

排列在井架指梁上的一组立根所承受的风载，按 11.3 节公式进行计算，在井架没有围蓬布的情况下，其总承风面面积按下式计算：

$$A_{表} = ndL\cos\theta \tag{11.2}$$

式中　n——梁上每排立根的数目；

d——立根外径（一般取接头外径），m；

$A_{表}$——立根承风面面积。

11.2　底座基本载荷分析

11.2.1　底座自重计算

底座计算时的自重，包括底座本身各部件的自重和其他钻机设备的自重。

（1）底座本身自重：为了便于计算，只计算底座主体的自重。次要部件（如梯子，栏杆等）及考虑底座表层冬天结冰的重量和焊缝重量设为底座主体总重的10%，且均布在底座主体各构件上，故须将每个构件自重增加10%，且将其分布在相应节点上即可引入计算。

（2）其他钻机设备自重（该自重包括钻台上工具的自重）：按照其具体重量，加到底座相应部位。

11.2.2　井架作用力

井架的作用力是通过井架大支脚及人字架前后支脚将其承担的全部载荷（包括井架组件自重）传递到底座（井架支座和人字架前后脚支座）上，所以在底座计算时，首先应计算出以上支座的支反力，施加在底座相应部位。

11.2.3 立根盒载荷

是指存放立根时，作用在立根盒上的最大载荷，ϕ114mm 钻杆组成的钻柱的名义平均质量为 30kg/m，ϕ127mm 钻杆组成的钻柱的名义平均质量为 36kg/m。

11.2.4 转盘载荷

指转盘的最大载荷，各级钻机的转盘最大载荷与相应钻机的最大钩载相同。

11.3 风载计算和风速确定

11.3.1 风载计算

作用在构件上的风载推荐按以下方法(逐项方法)进行计算。

结构上的总风载应通过单个构件和附件上作用的风载的向量总和估计。必须考虑和确定对结构上的每个零部件会产生最大应力的风向。根据下列公式和表 11.1 计算各种设计风速的风载：

$$F_m = 0.61237 \times K_i \times V_z^2 \times C_s \times A \tag{11.3}$$

$$F_t = G_f \times K_{sh} \times \sum F_m \tag{11.4}$$

式中 F_m——垂直于单个构件纵轴、或挡风墙表面、或附件投影面积的风载，N；

K_i——单个构件纵轴与风之间倾角 ϕ 的系数[见图 11.1，当风垂直于构件(包括附件，挡风墙)(ϕ = 90°)时，K_i = 1.0；当风与单个构件的纵轴成角度 ϕ (单位度)时，$K_i = \sin^2\phi$；对于挡风墙：$K_i = 1$]；

V_z——局部风速，m/s；

C_s——形状系数；

A——单个构件的投影面积(构件的投影面积等于构件长度 L 乘以构件相对于风垂直分量的投影宽度 W)，m²；

G_f——阵风作用系数(其取值见表 11.1)；

K_{sh}——遮蔽换算系数。

11 井架、底座载荷计算

表 11.1 阵风作用系数 G_f

总投影面积，m²	系数 G_f	总投影面积，m²	系数 G_f
>65	0.85	9.3~37.1	0.95
37.2~65	0.90	<9.3	1.00

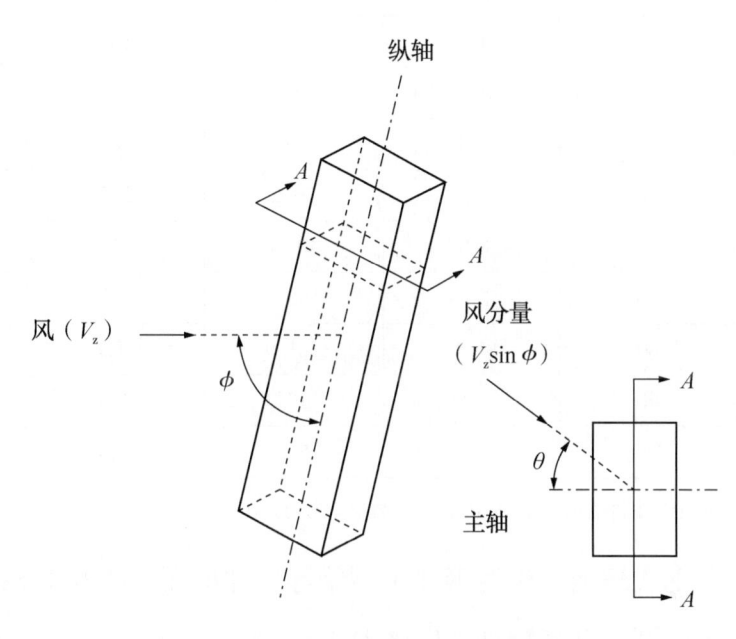

图 11.1 构件倾角

$$V_z = V_{des} \times \beta$$

$$V_{des} = V_{ref} \times \alpha_{陆地}$$

式中 V_{des}——最大额定设计风速；

V_{ref}——设计参考风速[由钻机用户提供，该风速为开阔地面(或海平面)以上10m处，重现期50年(对于海上为100年)测得]；

$\alpha_{陆地}(\alpha_{海洋})$——结构安全等级系数[主要由结构安全等级来确定，一般情况取井架、底座、天车的结构安全等级为 E2/U2，则 SSL 系数 $\alpha_{陆地}(\alpha_{海洋})=1$]；

β——结构高度系数[在高度<4.6m 时为 $\sqrt{0.85}$，在高度≥4.6m 时为 $\sqrt{2.01 \times \left(\dfrac{z}{900}\right)^{0.211}}$（式中 z 的单位为 ft），β 值见表 11.2]。

表 11.2 高度系数 β

基础面(或海平面)以上的高度 m	ft❶	高度系数 β	基础面(或海平面)以上的高度 m	ft	高度系数 β
0~4.6	0~15	0.92	36.6	120	1.15
6	20	0.95	42.7	140	1.17
7.6	25	0.97	48.8	160	1.18
9	30	0.99	54.9	180	1.2
12.2	40	1.02	61	200	1.21
15.2	50	1.05	76.2	250	1.24
18.3	60	1.07	91.4	300	1.26
21.3	70	1.08	106.7	350	1.28
24.4	80	1.1	121.9	400	1.3
27.4	90	1.11	137.2	450	1.32
30.5	100	1.12	152.4	500	1.33

注：①高度中间用线性内插值；②在 10m 处 β 数值等于 1.00。

(1) 对于角钢、槽钢、H 型钢和 T 型钢等构件截面，C_s 取 1.8；

(2) 对于矩形管、方管构件，C_s 取 1.5；

(3) 对于圆管构件，C_s 取 1.2；

(4) 对于天车、游车、大钩、水龙头、顶驱等设备，C_s 取 1.2；

(5) 对于立管、管线等非直边构件，C_s 取 0.8；

(6) 对于挡风墙：井架挡风墙为三面结构，依据角度 θ 为 0°、45°、90°分别取值如，见表 11.3 挡风墙形状系数 C_s。

表 11.3 挡风墙形状系数 C_s

θ	C_s 正面	侧面	侧面
0°	0.8	-0.5	-0.5
45°	0.5	0.5	-0.5
90°	-0.5	0.8	-0.3

❶1ft = 0.3084m。

(7) 对于立根：井架一般都为双立根区，C_s 取 1.2，考虑风载侧向作用时存在遮蔽效应，前风立根区C_s取 1.2 后风立根区C_s取 0.3。

① 对于塔形井架构件内的所有构件，$K_{sh} = 1.11\rho^2 - 1.64\rho + 1.14$，$0.5 \leq K_{sh} \leq 1.0$。$\rho$ 为实积比，为裸框架前面所有构件的投影面积除以由框架外部构件封闭的投影面积，投影垂直于风向。

② 对于塔形井架其他零部件，包括但并不局限于挡风墙、立根盒、导轨、天车、排放管、顶驱及人字架，$K_{sh} = 0.85$。

③ 对于轻便井架的裸露结构和附件、桅杆式井架所有构件或附件的遮蔽换算系数$K_{sh} = 0.9$。

11.3.2 风速确定

若用户没有提供井架底座的设计风速，则设计计算按 API Spec 4F 第 4 版规定的最小设计风速值计算，其值见表 11.4。

表 11.4 最小设计风速

井架类型	最小设计风速 V_{des}，m/s(kn❶)					
	陆上			海洋		
	工作和起升	非预期	预期	工作和起升	非预期	预期
有绷绳桅形井架	12.7(25)	30.7(60)	38.6(75)	21.6(42)	36(70)	47.8(93)
无绷绳桅形井架	16.5(32)	30.7(60)	38.6(75)	21.6(42)	36(70)	47.8(93)
塔形井架	16.5(32)	30.7(60)	38.6(75)	24.7(48)	36(70)	47.8(93)

11.4 特殊载荷计算

特殊载荷主要包括安装载荷、绷绳载荷、地震载荷。

11.4.1 安装载荷的计算

(1) 井架安装载荷即井架起放时的载荷，其计算方法按井架的结构和起升

---

❶1kn(节) = 1 海里/小时 = 1.852km/h = 0.514m/s。

方法确定。9.1.3~9.1.6 节中的计算可供参考。

(2) 底座安装载荷即底座起放的载荷，其计算方法按底座的结构及起升方法确定。9.2 节中的计算方法可供参考。

11.4.2 绷绳载荷的计算

计算方法按井架的结构、载荷状况、绷绳的数量和固定位置确定。

11.4.3 地震载荷计算

除用户有特殊要求外，一般地震载荷应按下列公式计算：

$$F_{震} = CG \tag{11.5}$$

式中　$F_{震}$——地震载荷，N；

G——井架或计算部分的重力，N；

C——地震系数（$C=0.05$；当井架直接安装在地面时，$C=0.025$）。

11.5　设计载荷及计算工况

11.5.1　设计载荷

井架、底座的设计载荷见表 11.5、表 11.6。

表 11.5　井架、底座设计载荷

工况	设计载荷条件	自重[3], %	钩载, %	转盘载荷 %	立根载荷 %	环境载荷[3]
1a	工作	100	100	0	100	100%工作环境
1b	工作	100	TE[1]	100	100	100%工作环境
2	预期	100	TE	100	0	100%预期风暴环境
3a	非预期	100	TE	100	100	100%非预期风暴环境
3b	非预期	100	适用时	适用时	适用时	100%地震

11 井架、底座载荷计算

续表

工况	设计载荷条件	自重③，%	钩载，%	转盘载荷 %	立根载荷 %	环境载荷③
4	起升	100	适用时	适用时	0	100%起升环境
5	运输	100	适用时	适用时	适用时	100%运输环境

① TE：非工作状态有风环境天车悬挂的所有游动设备和钻井钢丝绳的重量；
② 对于稳定性计算考虑自重的下限值；
③ 环境载荷包括立根设计的所有受风面积。

表 11.6 修井机桅杆式井架设计载荷

工况	设计载荷条件	自重③，%	钩载，%	抽油杆载荷 %	立根载荷 %	环境载荷③
1a	工作	100	100	0	0	100%工作环境
1b	工作	100	TBD（待定）	100	0	100%工作环境
1c	工作	100	TBD（待定）	100	100	100%工作环境
2	预期	100	TE①	0	0	100%预期风暴环境
3a	非预期	100	TE	100	100	100%非预期风暴环境
3b	非预期	100	适用时	适用时	适用时	100%地震
4	起升	100	适用时	0	0	100%起升环境
5	运输	100	适用时	适用时	适用时	100%运输环境

① 对于非工作有风环境，如适用，在所有载荷情况下，应考虑天车悬挂的所有游动设备和钻井钢丝绳的重量；
② 对于稳定性计算考虑自重的下限值；
③ 环境载荷包括立根和抽油杆设计的所有受风面积。

11.5.2 计算工况及载荷组合

（1）塔形井架、底座、天车计算工况及载荷组合见表11.7。
（2）无绷绳桅形井架、底座、天车计算工况及载荷组合见表11.8。
（3）带绷绳（载荷绷绳）桅形井架、底座、天车计算工况及载荷组合见表11.9。

表 11.7 塔形井架、底座、天车应满足 21 种计算工况

工况	载荷	钩载	快绳、死绳载荷	井架、底座、天车恒载（主体、附件、设备等的自重）	立根载荷	额定转盘载荷	环境风载（最小设计风速）陆地	环境风载（最小设计风速）海上	地震载荷
正常工作 1	0°	100%	100%	100%	100%	0	16.5m/s	24.7m/s	
	90°								
	45°								
正常工作 2	0°	TE	100%	100%	100%	100%	16.5m/s	24.7m/s	
	90°								
	45°								
预期风暴	0°	TE	TE	100%	0	100%	38.6m/s	47.8m/s	
	90°								
	45°								
非预期风暴	0°	TE	TE	100%	100%	100%	30.7m/s	36m/s	
	90°								
	45°								
安装	0°	TE	TE	100%	0	0	16.5m/s	21.6m/s	
	90°								
	45°								

11 井架、底座载荷计算

续表

工况	载荷	钩载	快绳、死绳载荷	井架、底座、天车恒载（主体、附件、设备等的自重）	立根载荷	额定转盘载荷	环境风载（最小设计风速） 陆地	环境风载（最小设计风速） 海上	地震载荷
倾翻	0°	TE	TE	100%	100%	0	38.6m/s	47.8m/s	
	90°								
	45°								
地震（若用户要求）	0°	60%	0	100%	60%	适量			100%
	90°								
	45°								

注：陆地风为3秒阵风，重现期50年，海上风为3秒阵风，重现期100年；TE——非工作状态有风环境天车悬挂的所有游动设备和钻井钢丝绳的重量。

表 11.8 无绷绳桁形井架、底座、天车应满足 24 种计算工况

工况	载荷	钩载	快绳、死绳载荷	井架、底座、天车恒载（主体、附件、设备等）	立根载荷	额定转盘载荷	环境风载（最小设计风速）	井架、底座起升载荷	牵引载荷	地震载荷
正常工作1	0°	100%	100%	100%	100%	0	16.5m/s			
	90°									
	45°									
正常工作2	0°	TE	100%	100%	100%	100%	16.5m/s			
	90°									
	45°									

· 199 ·

续表

工况	载荷	钩载	快绳、死绳载荷	井架、底座、天车恒载(主体、附件、设备等)	立根载荷	额定转盘载荷	环境风载(最小设计风速)	井架、底座起升载荷	牵引载荷	地震载荷
预期风暴	0°	TE	TE	100%	0	100%	38.6m/s			
	90°	TE	TE	100%	0	100%	38.6m/s			
	45°	TE	TE	100%	0	100%	38.6m/s			
非预期风暴	0°	TE	TE	100%	100%	100%	30.7m/s			
	90°	TE	TE	100%	100%	100%	30.7m/s			
	45°	TE	TE	100%	100%	100%	30.7m/s			
起升	0°	TE	TE	100%	0	适用时	16.5m/s	100%		
	90°	TE	TE	100%	0	适用时	16.5m/s	100%		
	45°	TE	TE	100%	0	适用时	16.5m/s	100%		
倾翻	0°	TE	TE	100%	100%	0	38.6m/s			
	90°	TE	TE	100%	100%	0	38.6m/s			
	45°	TE	TE	100%	100%	0	38.6m/s			
运输(整体)	0°	0	0	100%	0	0	16.5m/s		100%	
	90°	0	0	100%	0	0	16.5m/s		100%	
	45°	0	0	100%	0	0	16.5m/s		100%	
地震(若用户要求)	0°	60%	适量	100%	60%	适量	30.7m/s			100%
	90°	60%	适量	100%	60%	适量	30.7m/s			100%
	45°	60%	适量	100%	60%	适量	30.7m/s			100%

注:风载为3秒阵风、重现期50年。

11 井架、底座载荷计算

表 11.9 陆地带绷绳桅形井架、底座、天车应满足 24 种计算工况

工况	载荷	钩载	快绳、死绳载荷	井架、底座、天车恒载（主体、附件、设备等）	立根载荷	抽油杆载荷	环境风载 陆地风	环境风载 海上风	起升载荷	牵引载荷	地震载荷
正常工作 1	0°	100%	100%	100%	0	0	12.7m/s	21.6m/s			
	90°										
	45°										
正常工作 2	0°	待定	100%	100%	0	100%	12.7m/s	21.6m/s			
	90°										
	45°										
正常工作 3	90°	待定	100%	100%	100%	100%	12.7m/s	21.6m/s			
	45°										
预期风暴	45°	TE	TE	100%	0	0	38.6m/s	47.8m/s			
	90°										
	45°										
非预期风暴 1	0°	TE	TE	100%	100%	100%	30.7m/s	36m/s			
	90°										
	45°										

·201·

续表

工况	载荷	钩载	快绳、死绳载荷	井架、底座、天车恒载（主体、附件、设备等）	立根载荷	抽油杆载荷	环境风载 陆地风	环境风载 海上风	起升载荷	牵引载荷	地震载荷
非预期风暴2	0°	适用时	TE	100%	适用时	适用时	30.7m/s	36m/s			100%
	90°										
	45°										
起升	0°	适用时	TE	100%	0	0	12.7m/s	21.6m/s	100%		
	90°										
	45°										
运输（整体）	0°	适用时	0	100%	0	0	12.7m/s	21.6m/s		100%	
	90°										
	45°										

注：陆地风为3秒阵风，重现期50年，海上风为3秒阵风，重现期100年。

12 海洋动态井架的设计计算

12.1 基本参数

12.1.1 主要尺寸

海洋标准塔形井架是一个横截面为正方形的结构，其尺寸符合 API Spec 4F 中的某一井架规格，各尺寸如图 12.1 规定。

井架大门如图 12.2 所示。A、C、D、E 型大门形式可以互换。V 型大门和绞车大门的规格号和一般尺寸见表 12.1。

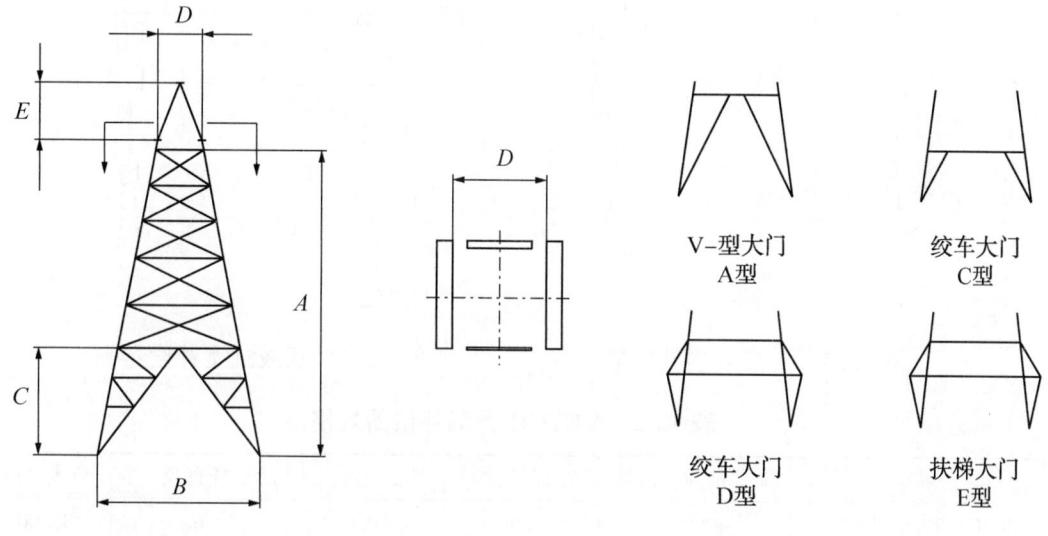

图 12.1 海洋塔形井架尺寸

图 12.2 塔形井架大门

A——从井架腿底板顶面到天车支撑梁地面的垂直距离；
B——在井架腿底板处，相邻底脚间的距离；
C——大门开口，在空隙处、平行于井架侧面中心线、从底板顶面起测量；
D——井架顶部可能会限制天车滑轮通过的最小空隙尺寸；
E——天车起重架横梁与天车支撑梁顶面之间的空隙。

钻井和修井井架、底座、天车设计

表 12.1 海洋标准塔形井架的规格尺寸

井架规格号	高度 A, ft	标称基底正方形 B, ft	绞车大门 C, ft	V 型大门 C, ft	开口 D, ft	人字架空隙 E, ft
19	140	30	7.5	26.5	7.5	17
20	147	30	7.5	26.5	7.5	17
25	189	37	7.5	26.5	7.5	17

公差：A，±6in；B，±5in；C，±2in；D，±2in；E，±6in。

井架的高度 A 是按照 3.2.1.1 节中的方法进行计算，但海洋动态井架的高度还须增加一个升沉补偿器（图 12.3 和图 12.4）的高度。为了便于参考，现列出 VETCO 升沉补偿器的有关数据见表 12.2、表 12.3（仅供参考）。

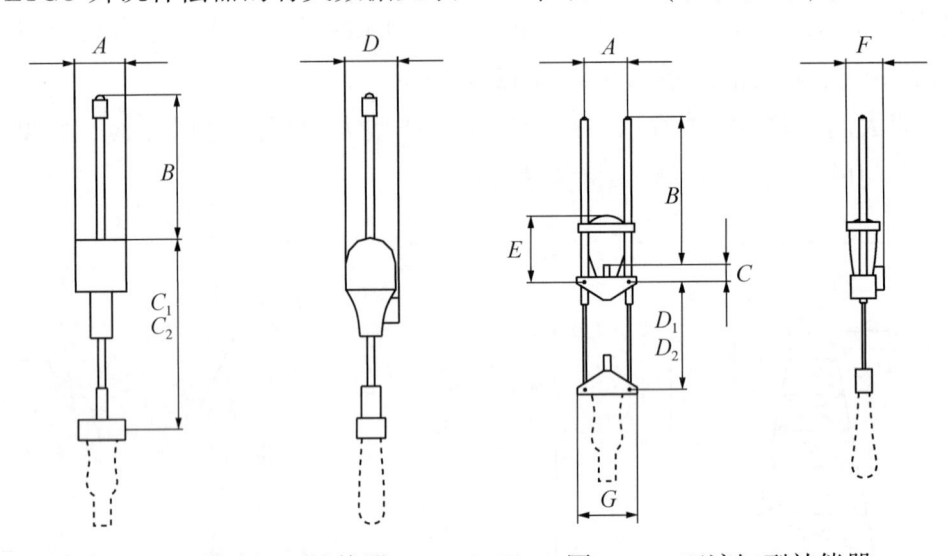

图 12.3 单液缸型补偿器　　图 12.4 双液缸型补偿器

表 12.2 VETCO 升沉补偿器规格

型号	动态负荷, lbf[1]	行程长, in	液缸内劲, in	活塞杆直径, in	自重, lbf
MC400-20D（双液缸）	400000	20	10¾	6	35500
MC400-25D（双液缸）	400000	25	10¾	6	38500
MC400-15S（单液缸）	400000	15	14	7	43000
MC400-20S（单液缸）	400000	20	14	7	45000
MC500-20S（单液缸）	500000	20	16	7½	47000

注：自重并不包括游车大钩重量。

---

[1] 1lbf＝4.448N。

12 海洋动态井架的设计计算

表 12.3　VETCO 升沉补偿器尺寸 (ft)

行程长 ft	单液缸型					双液缸型							
	A	B	C_1	C_2	D	A	B	C	D_1	D_2	E	F	G
15	78	128.5	149	329	73								
20	78	188.5	149	389	73	81	210	23±6	50	290	游车长	54	99
25						81	270	23±6	50	350		54	99

注：(1) 注脚 1 的尺寸系缩入长度；
　　(2) 注脚 2 的尺寸系伸出长度；
　　(3) 单液缸配专门的游车大钩，双液缸可配常规的游车大钩。

12.1.2　动态井架的高度及负荷

根据国外资料综合分析，各种井架高度与负荷有一定的比例关系，海洋动态井架也不例外。图 12.5 是按国外一些井架资料统计分析而得的。一般当井架高度达到 147ft(44.8m) 时，大钩静载荷能力都定为 $100×10^4$lbf(455tf)，见图 12.5 曲线 A。也有取高承载能力的曲线 B，但大钩一般最大定为 $110×10^4$lbf(500tf) 承载能力。近几年来，钻机的钻深能力又有所突破，商业性生产的 30000ft 钻机陆续问世，这种钻机有用 147ft 高度的井架，而最大静钩载可达 $200×10^4$lbf(910tf)，配备此种钻机的井架，显然，不遵守图 12.5A、B 曲线的规律，这一点是需要专门说明的。

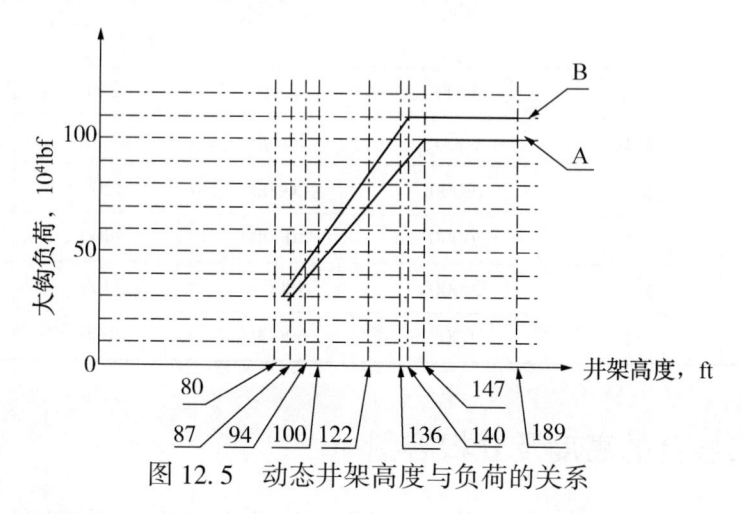

图 12.5　动态井架高度与负荷的关系

12.1.3　动力参数

动力参数包括风速、纵摇摆、横摇摆及升沉，详见表 12.4。该表以半潜式钻井船为例，表中数据仅供参考。

表 12.4 海洋动态井架动力参数

工况 载荷	钻井工况	非预期工况	预期工况	拖航工况 （井架竖立）
大钩载荷，kN	100%	TE	TE	TE
风速，m/s	24.7	36	47.8	24.7
立根数	3/5	满立根	无立根	无立根
游动系统位置	最高	最低	最低	最低
纵摇，(°)/s	3°/10s	10°/	10°/8s	15°/7s
横摇，(°)/s	3°/10s	10°/	10°/8s	15°/7s
升沉，m/s	±15m/8s	±3m/8s	±6m/8s	±7.6m/10s

注：该表数据仅供参考。

12.1.4 天车起重架的高度及承载能力

天车起重架的高度及承载能力见表 12.5。

表 12.5 天车起重架的高度及承载能力

井架形式及 高度，ft	人字架高度 in	人字架额定负荷 lbf	最小设计能力，lbf		
^	^	^	垂直的	水平的， 垂直于顶梁	水平的， 平行于顶梁
采油井架	>8	2000	4000	240	180
钻井<122	≥10	6000	12000	720	540
136	≥12	10000	20000	1200	900
140	≥17	20000	40000	2400	1800
147	≥17	20000	40000	2400	1800
≥150	≥17	30000	60000	3600	2700

12.1.5 二层台的高度及立根容量

二层台的高度与一般陆地井架相同，也设为三个安装高度，即 24.5m，25.5m，26.5m。二层台的立根容量应按立根挡杆及卡指的尺寸进行设计，实际设计值应比理论值大 15%。

12.2 动态井架的主要结构

鉴于目前海洋动态井架结构的主要型式是塔形井架,因此,这里着重叙述塔形动态井架的设计计算中应考虑的一些重要因素。

12.2.1 井架主体结构的桁格排列

目前各国发展的桁格排列主要有两种形式:
(1) 底部尺寸 30ft×30ft 的,常用倒人字形桁格;
(2) 底部尺寸 40ft×40ft 的常用方棱形桁格。

桁格在设计中尽量排除多余的非受力杆件,因此,井架桁格更接近于静定结构,计算也简单可靠。因为具有超静定的桁格,某些杆件计算简化是十分复杂的。

12.2.2 井架大腿截面形状

底部尺寸 40ft×40ft 的动态井架常用于钻井浮船或半潜式钻井船,其大腿材料常用截面形状比较复杂,但具有较大的截面惯矩,如图 12.6 所示。

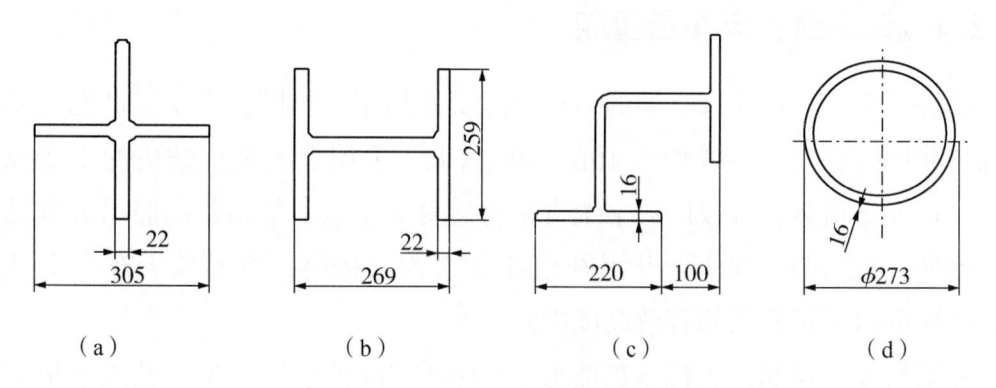

(a)　　　　(b)　　　　(c)　　　　(d)

图 12.6　动态井架大腿材料截面形状

美国德里柯公司最大钩载为 $100×10^4$ lbf 的塔形动态井架采用图 12.6(a)、(b)两种材料截面作井架大腿,而大陆—恩姆斯柯公司则采用图 12.6(c)的截面。我国则曾采用图 12.6(d)钢管截面作为井架大腿的。所有这类具有 $100×10^4$ lbf 钩载能力的塔形动态井架,其一条腿的截面积一般均不小于 130cm^2,而且材质不低于 Q345 钢。为了减轻井架的自重,可以将井架二层平台以上的大腿材料壁厚适当减薄，使上下大腿截面积相差 $10\sim15\text{cm}^2$。但更多的设计并不采用，因为不同壁厚型钢在接头连接处过渡比较困难。

12.2.3 横杆、斜杆

新型动态井架上的各种横杆斜撑，在设计上避免出现非受力状态，而是尽可能在各种工况下使所有杆件均参加承载，因此，除采用常见的单角钢外，多采用丁字钢或宽翼缘工槽钢等异形钢材，因为后者沿截面任何方向的惯性矩及回转半径都比单角钢的优良，所以与单角钢相同截面的异形钢材，具有更好的承载能力，特别是抗压能力。常用于横杆、斜撑的钢材截面形状如图 12.7 所示。

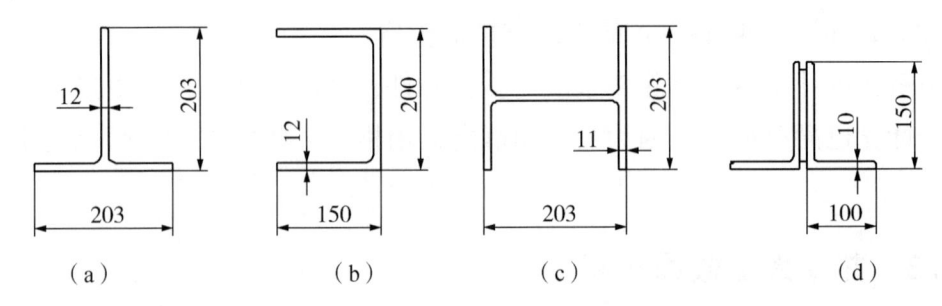

图 12.7 常用于横杆、斜撑的钢材截面形状

12.2.4 天车台、天车起重架

动态井架天车台及人字架的结构与陆上井架不尽相同，主要是动态井架的顶部尺寸比较宽大，一般均在 10ft×10ft 以上。采用宽大顶部结构的主要原因是，一旦天车损坏，可以用人字架直接将成套天车从井架顶部内腔吊放到钻台上。此外，宽大的顶部便于升沉补偿器在大钩上提时，容易从天车台上升出去，这样可以节省井架的有效高度空间尺寸。

井架高度 $\geqslant147\text{ft}$，大钩承载能力 $\geqslant100\times10^4\text{lbf}$ 的动态井架，其人字架一般均采用四条直柱结构，组成方框形，这与一般陆上人字形结构是不甚相同的，它的优点是人字架维修天车的空间比较大，这对于经常处于摇摆最大的天车部位进行检修作业是十分必要的。

12.2.5 二层台

二层平台及其指梁的结构与陆上井架也有所不同，这是因为二层平台指梁布局常因提升系统小车及导轨的布置所牵涉。为了避开导轨，立根有时排到四个地方，这就迫使二层台也要布置四根指梁，如图 12.8 所示(当然还有其他形式的布置)。

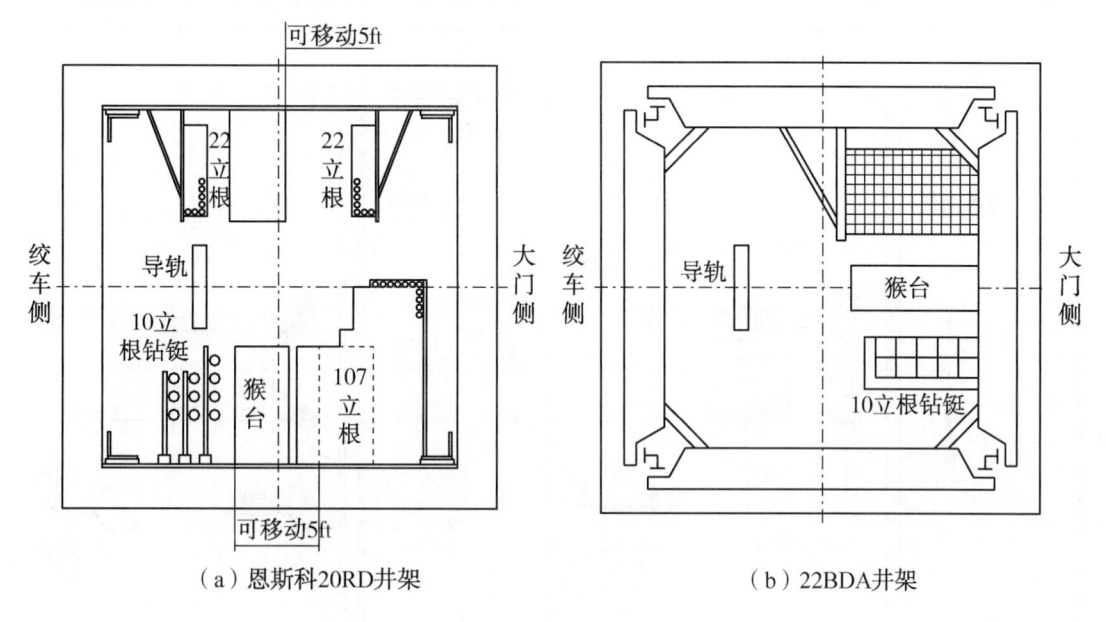

（a）恩斯科20RD井架　　　　（b）22BDA井架

图 12.8　动态井架二层平台布置

二层台的立根盒内设有立根挡杆，挡杆上设有若干卡指，两根挡杆间可排放一排立根，每两个卡指之间只能放一根立根，因此挡杆和卡指配合可将立根上端固定在二层台相应部位。二层台四周须设置挡风墙，其高度不得小于 3m，且在台下还须延伸 0.5m。

12.2.6　中间台

立根在大风及海浪作用下摆动，极易出现中间弯曲现象，因此，海洋动态井架在立根长度的中间位置常设置有中间台，在中部对立根以支撑使其稳定，其结构包括有走台、舌台、挡杆、撑杆和内外栏杆。

12.2.7　导轨

动态井架内腔一般均设两根导轨，以扶持游动系统固定小车，沿规定的直线轨道上下运动。导轨由天车台下面直达钻台面上方 3m 左右。由此可见，导轨是很长的，一般仅比井架高度低 3~6m。导轨的自重通过顶部及其中间连接杆件加于井架体上。钻井船在摇摆状态下工作时，游动系统动态惯性使导轨弯曲。因此,导轨设计时应考虑它的受力状况,通常可将整根导轨视为一连续梁。导轨结构形状很多,但均应与导轨小车相匹配,常见的导轨与小车如图12.9所示。

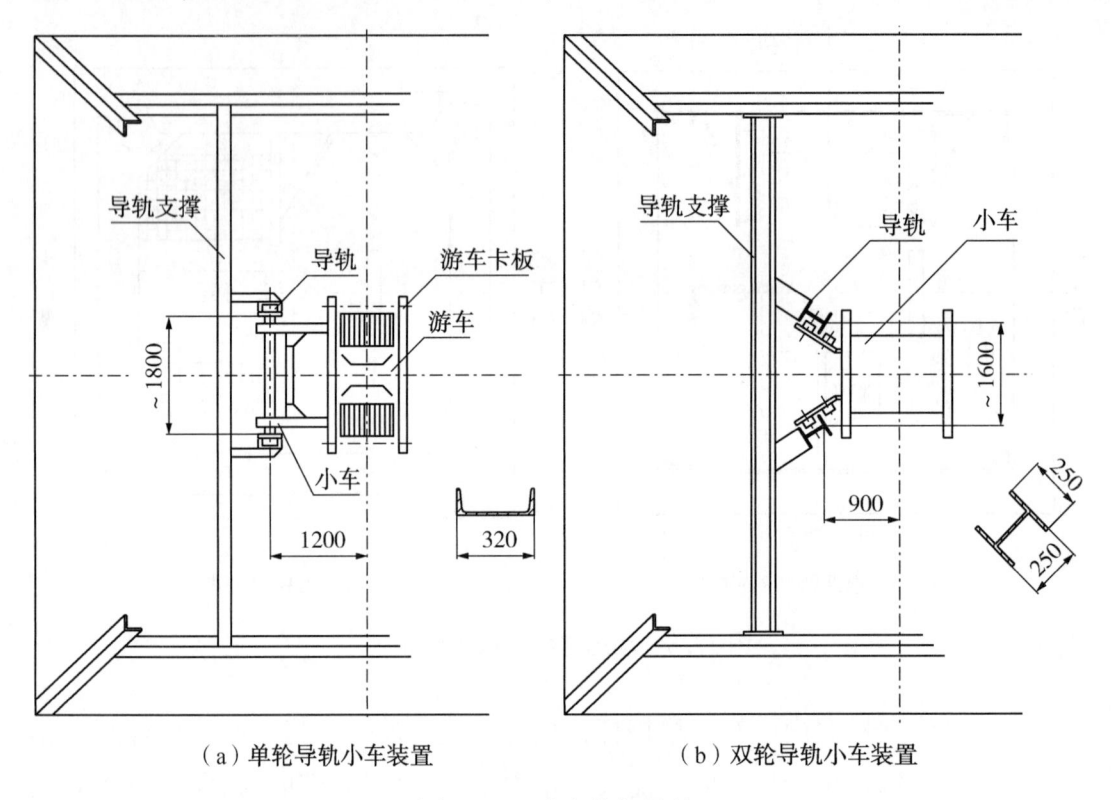

图 12.9　动态井架导轨

12.2.8　其他

海洋动态井架应考虑海洋大气的严重腐蚀性,因此,一般情况下,海洋井架的所有构件均须热浸镀锌,井架上尽可能采用螺栓连接,而少用焊接,所有螺栓均须镀锌,又需可靠的防松装置。

为了在茫茫的大海中迅速识别钻井的工作位置,因此,尽管井架已经热浸镀锌,还应涂色泽间格分明的防锈油漆。

12.3　基本载荷

自重 G、钩载 Q、风载、立根水平载荷参考第 11 章。

动力载荷是由浮动船体运动引起,其载荷有纵摇、横摇、升沉,计算公式如下:

$$F_{\mathrm{P}} = \left(\frac{GL_1}{g} \cdot \frac{4\pi^2}{T_{\mathrm{P}}^2} \cdot \frac{\pi\varphi}{180} \right) + G\sin\varphi \qquad (12.1)$$

$$F_{\mathrm{R}} = \left(\frac{GL_1}{g} \cdot \frac{4\pi^2}{T_{\mathrm{R}}} \cdot \frac{\pi\theta}{180} \right) + G\sin\varphi \qquad (12.2)$$

$$F_{\mathrm{H}} = G + \frac{G2\pi^2 H}{T_{\mathrm{H}}^2 g} \qquad (12.3)$$

式中 F_{P}，F_{R}，F_{H}——分别代表纵摇、横摇和升沉所产生的作用力，N；

G——井架计算部分(包括井架及其上所有设备与钻具)的自重，N；

L_1——从纵摇轴线到计算部分重心的距离，m；

L——从横摇轴线到计算部分重心的距离，m；

H——升沉总位移量，m；

T_{P}，T_{R}，T_{H}——分别代表纵摇、横摇和升沉的周期，s；

φ，θ——分别代表纵摇和横摇的角度，(°)；

g——重力加速度($9.8\mathrm{m/s^2}$)。

由纵摇、横摇和升沉联合作用下的力，应按下面三种组合中较大者来计算：

$$\max(F_{\mathrm{P}} + F_{\mathrm{H}};\ F_{\mathrm{R}} + F_{\mathrm{H}};\ \sqrt{f_{\mathrm{P}}^2 + f_{\mathrm{R}}^2} + F_{\mathrm{H}})$$

对以上3个公式进行分析：

(1) 公式(12.3)升沉力F_{H}方向垂直向下，为垂直动力载荷，式中G为自重或钩载，均为垂直静力载荷，公式的后部分则为静力垂直载荷由船体升沉所引起的动力载荷，因此升沉力中已包含了垂直静力载荷。自重和钩载是计算升沉力的必要条件，升沉力则是引入计算的最终垂直力。

(2) 公式(12.1)、公式(12.2)为纵摇摆力F_{P}和横摇摆力F_{R}，其方向为水平，则水平动力载荷。式中G为自重，二公式的前部分为自重由船体摇摆引起的水平动力载荷，后部分即为自重本身在φ角度位置时的水平分力，所摇摆力包含了自重(质点)在摇摆最大位置时的全部水平分力。

(3) 引起摇摆力的自重包括井架组件自重、立根自重及游吊系统的自重。

12.4 计算工况及载荷组合

海洋动态井架计算工况及载荷组合见表12.6。

表12.6 海洋动态井架、底座、天车计算工况及载荷组合

工况	载荷	钩载	快绳、死绳载荷	井架、底座、天车恒载	立根载荷	额定转盘载荷	纵摇, (°)/s（单幅）	横摇, (°)/s（单幅）	升沉, m/s	环境风速	游动系统位置	地震载荷
正常工作1	0° 90° 45°	100%	100%	100%	100%	0	2°/10s	2.5°/10s	±1.8m/10s	24.7m/s（48节）	最高	
正常工作1	0° 90° 45°	TE	100%	100%	100%	100%	2°/10s	2.5°/10s	±1.8m/10s	24.7m/s（48节）	最高	
预期风暴	0° 90° 45°	TE	TE	100%	0	100%	4.2°/8s	5.2°/8s	±5m/8s	47.8m/s（93节）	最低	
非预期风暴	0° 90° 45°	TE	TE	100%	100%	100%	4.2°/8s	5.2°/8s	±5m/8s	36m/s（70节）	最低	
拖航（井架竖立）	0° 90° 45°	TE	TE	100%	0	0	6.1°/10s	7.2°/10s	±2m/10s	24.7m/s（48节）	最低	
地震	0° 90° 45°	60%	TE	100%	60%	适应时					最高	100%

注：（1）风载为3s阵风，重现期100年；（2）表中纵摇、横摇、升沉数字仅供参考，具体计算时以用户提供的数据为准。

13 井架、底座和天车有限元分析

当完成了产品(井架、底座、天车)结构图绘制以及载荷分析与工况组合后,便可以引入有限元分析。

13.1 计算软件的选择

应选择具有权威机构认可的软件。可用于井架、底座、天车整体计算的主要计算软件有 ANSYS、SACS、SAP2000、SAFI 等。

ANSYS 软件是美国 ANSYS 公司开发的分析软件,是世界公认的优秀分析软件之一。

SACS 软件是美国 Engineering Dynamics 开发的有限元软件,广泛应用于各类结构计算分析,该软件集成了 API Spec 4F—2013 第 4 版《钻井和修井井架、底座规范》及美国钢结构协会 AISC 335—89《结构钢建筑物—许用应力设计和塑性设计规范》等规范。SACS 软件可以方便地自动完成加载、计算、校核,能够很好地完成结构设计的理论分析,最终提供方便用户的综合检验标准——单元 U_c 值。

SAP2000 软件是由 Edwards Wilson 创始的 SAP(Structure Analysis Program)系列程序发展而来的。

SAFI 软件是加拿大建筑结构软件公司开发的有限元软件,满足 API Spec 4F—2013 第 4 版《钻井和修井井架、底座规范》,以及美国钢结构协会 AISC《钢结构手册》等规范。建模及加载简单快捷,并且可以自动生成计算报告。

13.2 操作

根据具体软件的规定进行操作:
(1)建模:绘制结构图,定义模型单元属性。
(2)加载:定义基本载荷,建立组合工况,将载荷(均布力、集中力等)分加到模型单元的相应部位。

(3) 求解运算。

13.3 结果分析

有限元计算结果均需符合美国 AISC 355-89《钢结构建筑物规范》如下要求：

(1) 承受压缩和弯曲两种应力的构件，其设计应满足下列要求：

$$\frac{f_a}{F_a} + \frac{C_{mx}f_{bx}}{\left(1-\frac{f_a}{F'_{ex}}\right)F_{bx}} + \frac{C_{my}f_{by}}{\left(1-\frac{f_a}{F'_{ey}}\right)F_{by}} \leq 1.0 \qquad (13.1)$$

$$\frac{f_a}{0.6F_y} + \frac{f_{bx}}{F_{bx}} + \frac{f_{by}}{F_{by}} \leq 1.0 \qquad (13.2)$$

当 $\frac{f_a}{F_a} \leq 0.15$ 时，式(13.3)可代替(13.1)和(13.2)。

$$\frac{f_a}{F_a} + \frac{f_{bx}}{F_{bx}} + \frac{f_{by}}{F_{by}} \leq 1.0 \qquad (13.3)$$

式中字母含义：

式中与下标 b、m、e 结合在一起的下标 x 和 y 表示某一应力或设计参数所对应的弯曲轴。

F_a——只有轴心力存在时才允许采取的轴心压应力，ksi；

F_b——只有弯矩存在时才允许采取的弯曲应力，ksi；

$F'_e = \dfrac{12\pi^2 E}{23\left(\dfrac{Kl_b}{r_b}\right)^2}$——安全系数后的欧拉应力，ksi；[$l_b$ 为弯曲平面内的实际无支撑长度；r_b 为相应的回转半径；K 为弯曲平面内的有效长度系数，按表 8.2 取值。如同 F_a、F_b 和 $0.6F_y$ 的情况一样，根据 6.2.2 的规定 F'_e 可增大 1/3（风载应力和地震应力）]；

f_a——算得的轴向应力，ksi；

f_b——在计算点处算得的压缩弯曲应力，ksi；

C_m——系数。

系数 C_m 按如下采取：

① 对于节点有（侧向）位移的框架中的受压构件，$C_m = 0.85$

② 对于加有支撑以阻止节点位移且在弯曲平面内两支座间不承受横向载荷的框架中的受约束的受压缩构件，$C_m = 0.6 - 0.4 \dfrac{M_1}{M_2}$，但不小于 0.4（式中 $\dfrac{M_1}{M_2}$ 是在所计算的弯曲平面内构件不加支撑的那一部分的两端处的较小弯矩与较大弯矩之比。当构件为反向弯曲时，$\dfrac{M_1}{M_2}$ 为正值；单向弯曲时，为负值）。

③ 对于在承载平面内，加有支撑以阻止节点位移，且在两支座间承受横向荷载的框架中的受压构件，其 C_m 值可以通过合理的分析加以确定。若不进行分析，可采用如下数值：

a. 对于端部受约束的构件，$C_m = 0.85$；

b. 对于端部不受约束的构件，$C_m = 1.0$。

（2）承受拉伸和弯曲两种应力的构件，其设计应满足下列要求：

$$\frac{f_a}{F_t} + \frac{f_{bx}}{F_{bx}} + \frac{f_{by}}{F_{by}} \leqslant 1.0 \qquad (13.4)$$

式中　F_t——允许拉伸应力[除铰接构件外，F_t 既不得超过按毛面积计算的 $0.60F_y$，也不得超过按有效净面积计算的 $0.50F_y$。对于铰接构件，$F_t = 0.45F_y$（按净面积计算）]。

（3）当构件承受轴向拉伸作用时，拉伸轴向允许应力 F_t 为：

$$F_t = 0.60F_y \qquad (13.5)$$

（4）当构件承受轴向压缩作用时，压缩轴向允许应力 F_a 为：

$$F_a = \frac{\left[1 - \dfrac{\left(K\dfrac{l}{r}\right)^2}{2C_c^2}\right] F_y}{\dfrac{5}{3} + \dfrac{3\left(K\dfrac{l}{r}\right)}{8C_c} - \dfrac{\left(K\dfrac{l}{r}\right)^3}{8C_c^3}} \qquad (13.6)$$

$$C_c = \sqrt{\frac{2\pi^2 E}{F_y}}$$

式中 C_c——折算系数;

$\dfrac{Kl}{r}$——构件计算长细比。

当长细比 $\dfrac{Kl}{r}$ 大于 C_c 时,其轴向允许应力为:

$$F_a = \frac{12\pi^2 E}{23\left(K\dfrac{l}{r}\right)^2} \qquad (13.7)$$

(5) 当构件承受弯曲力作用时,其弯曲允许应力:

$$F_b = 0.60 F_y \qquad (13.8)$$

(6) 稳定性分析:

在《美国钢结构手册》AISC 335-89 的校核公式中,引入了长细比($\dfrac{Kl}{r}$)、稳定性折算系数(C_c)以及计算长度系数(K)和临界应力(F_e')的概念。这些校核公式考虑了轴心受压构件的稳定性影响,并将轴心受压与两方向的弯曲作用进行叠加综合考虑。

校核公式(13.1)、(13.2)和(13.3)充分体现了各个构件在轴向受压和弯曲作用下的稳定性。该公式要求综合校核系数≤1.0,则说明其轴向应力≤临界应力(考虑了稳定性),并在两个方向的弯曲应力叠加作用下满足强度和稳定性的要求。因而,采用 AISC 335-89 的校核公式对井架、底座中每个单元进行应力综合校核时,只要其综合校核系数≤1.0,则说明该单元对应的构件满足静力学强度和稳定性要求。

参 考 文 献

[1] AISC 335-89　结构钢建筑物规范—许用应力设计和塑性设计[S].
[2] API Spec 4F 第 4 版　钻井和修井井架、底座规范[S]，2013.
[3] 侯依甫. 钻井和修井井架、底座规范设计指南[M]. 北京：石油工业出版社，2005.
[4] 常玉连，刘玉泉. 钻井井架、底座的设计计算[M]. 北京：石油工业出版社，1994.
[5] GB/T 23505—2017　石油天然气工业钻机和修井机[S].
[6] API Spec 8C　钻井和采油提升设备规范[S].
[7] API Spec RP 9B　油田用钢丝绳的应用、维护和使用推荐作法[S].
[8] AWS D1.1/D1.1M　钢结构焊接规范[S].
[9] 成大先. 机械设计手册[M]. 北京：化学工业出版社，2008.